玩转空气风梨

陆遥 吴志坚 曹静 江雪峰 编著

江苏凤凰科学技术出版社

在植物王国中，几乎没有其他植物可以在尺寸、颜色、整体外观和栖息地等多样性方面与凤梨家族相媲美。除了北美和南美这些大家熟知的栖息地之外，凤梨科植物的生长区域从低于海平面到海拔5 000米的高原地区都有覆盖，从热带雨林到荒漠地区都有它们生长的足迹。

凤梨家族被划分为几个公认的亚群或者属类，划分的依据是植物共有的某些区别性特征。这些群组中的其中一些在自然界中是完全陆生的，他们生成叶子细长茂密的植被，叶子上面武装了尖锐的刺，战略性种植可以有效地阻挡入侵者。其他群组则更倾向于随机生长在树冠上或者在掉落地附近就地生长。当然，还有一部分群组是完全附生的，植株本身不会长出根部，而是用它们细长而卷曲的叶子依附在树枝上。一些品种甚至可以生长在干旱的沙漠中，植株同样不会长出根部，仅仅依靠大气中的水分就能存活下来。许多凤梨科植物在进化过程中都进化出保护性的特征，即人们所熟知的被称为毛状体的特殊结构，这种结构既可用于涵养水分也可用于遮挡烈日。这是一些凤梨科植物叶子呈现银灰色外表，以及有着与众不同的条纹的原因。

我经常被问及凤梨科植物的花期或花序形态等问题。尽管凤梨科植物的花期非常长，花朵也充满装饰性，但除了极少数的个例外，单株凤梨科植物一生只会开一次花。我们不需要担心植物的繁殖，当植物成熟时，它通过幼株或者侧芽传递生命力。侧芽通常会在叶腋处形成并长至成熟，变成亲本植株精确的副本或者“复制品”。这些“复制品”或许被移开并成长为成熟的单株，或许被留着依附在亲本植株上，成为有趣的群生景观。然而，这并不是这个植物家族进行繁殖的唯一方法。假如花序中的单个花朵能够吸引到合适的昆虫传粉，产生的种子就可以生长形成大量或许与亲本不甚相

似的新植物。这取决于授粉到花朵上的花粉来源，不同的花粉来源为籽苗的生物变异性提供了一些可能性。全球的杂交培育者都遵循这一特性为市场培育凤梨科植物的新品种，让新品种比亲本植株更强壮和多彩。

到目前为止，凤梨科家族中已鉴定种类最多的属类为空气凤梨属。空气凤梨常被称作“气生植物”，目前在全世界范围内广受人们欢迎。毫无疑问，空气凤梨受欢迎的部分原因是普遍小巧的尺寸和对各种生长环境显著的适应性，而其他植物在相同条件下可能会变得难以生存。当然，“忍耐”不利的生长条件和在合适的生长条件下“繁荣生长”之间有非常巨大的差别，这时就需要一本书介绍如何正确种植这些有趣的植物。毕竟空气凤梨的生长环境是如此的多样，从高原到峡谷，从热带到寒带都有它们的生长足迹。正如你所认为的一样，面对如此广泛的原生栖息地，“合适的生长条件”并不是一个容易理解的概念，业余种植者或许需要一些指引，将新入手的空气凤梨种植在一个适当的环境中让它茁壮成长。

对植物进行识别是关键的第一步。一旦对植物作出正确的识别，就可以调查其原生栖息地，并开始着手营造栖息地的环境和条件。如何最好地鉴别您的植物？此书通过展示各类品种的图片，将会对您的鉴别起到极大的作用。植物的叶子较薄且呈银灰色，或者植物的叶子宽扁而翠绿？植物有多大？空气凤梨的尺寸从微小的 *Tillandsia bryoides* 到庞大的 *Tillandsia fendleri* 差异巨大。识别凤梨科植物最重要的特征恐怕就是花序了，但这需要多点耐心等待植物成熟并开花。不过，观察空气凤梨从微小幼株到成熟开花的完整生长周期，本身就是种植这些迷人植物的一种享受！

Jay Thurrott

国际凤梨协会主席（任期 2010-2016 年）

Few groups in the plant kingdom can match the Bromeliaceae family in their astounding diversity in size, color, overall appearance and habitat where they may be found. Endemic only to North, Central, and South America, bromeliads, as they are more commonly known, grow at elevations ranging from nearly 5,000 meters above sea level to some areas that are actually below sea level and from humid, tropical jungle environments to arid desert areas where rainfall is rare to non-existent.

The bromeliad family is divided into recognized sub-groups or Genera, each based on certain distinctive features that the plants have in common. Some of these groups are strictly terrestrial in nature and produce dense masses of plants with long leaves that are so heavily armed with sharp spines that they can serve as effective barriers against intruders when strategically planted in the landscape. Others are more opportunistic and may be found growing in the forest canopy or on the surrounding floor where they have fallen. Still others are strictly epiphytic, never developing roots but instead spending their lives clinging to tree limbs with their thin, curly leaves. Some varieties can even be found scattered over arid sands, without roots to anchor them into those same sands and subsisting entirely on atmospheric moisture to meet their needs. Many of these bromeliads have developed a protective feature to both conserve water and shield the plant from intense sunlight by means of specially modified structures known as trichomes. These same structures are responsible for the silvery-gray appearances to the leaves on some bromeliads and the distinctive banding noted on others.

Perhaps the most common question I am asked regarding bromeliads concerns the bloom, or more accurately – the"inflorescence"of the plant. That question being "when will this plant bloom again?"While that bloom can often be very decorative and long lasting, with very few exceptions an individual bromeliad will only bloom once. This need not be as disturbing as it seems however. Once the plant has reached maturity, it then puts its remaining energy into replicating itself through the production of offsets or "pups". These usually form in the leaf axils and will mature to become exact copies or "clones" of the parent plant. They can either be removed and allowed to mature as individual plants or left attached to the parent to become an interesting group display. This is not the only means of reproduction for this plant family however. If the individual flowers in the inflorescence prove to be fertile and are visited by a suitable pollinator, the resulting seed that is produced can be germinated and cultivated to produce large numbers of new plants that may or may not closely resemble the seed parent. This is dependent on the source of the pollen that was introduced to the flowers, but provides an opportunity for some variability to show in the seedlings. Hybridizers throughout the world have used this principal to introduce many new varieties of bromeliads to the marketplace that are often more hardy and colorful than either of the parent plants.

Within the Bromeliaceae family by far the Genus with the largest number of identified species is the Tillandsia group. Often referred to as "air plants", Tillandsias are enjoying a newfound popularity throughout the world. This is no doubt at least partially due to their generally compact size as well as their remarkable ability to tolerate a wide range of growing conditions that other types of plants would be hard pressed to survive under. Of course there is a very large difference between "tolerating" adverse growing conditions and "thriving" under these same conditions and this is where the need for a book dedicated to this most interesting family comes in. This is also the bromeliad group that can be found over the broadest range of environmental conditions and includes varieties that are found in the extremes of those growing conditions. Tillandsias grow at the highest of elevations defining where members of the bromeliad family have been found and they are also well established at both the highest and lowest of latitudes bordering their habitat. As you might expect, given such a wide range of native habitat, "suitable growing conditions" can be a puzzling term and the amateur grower may need some guidance in matching a newly acquired Tillandsia with an appropriate environment for that plant to thrive.

Identifying the plant is a critical first step toward this. Once the plant is properly identified, then its native habitat can be researched and a determination can be made as to how to match those conditions. How to best identify your plant? References such as this book can be a tremendous help by providing photographs of many varieties. Does the plant have thin, greyish silvery leaves or are the leaves broad and green? How large is the plant? Tillandsias can range in size from the tiny *Tillandsia bryoides* to the huge *Tillandsia fendleri*, but perhaps the most important feature in identifying any bromeliad is its inflorescence. This may require a bit of patience while waiting for the plant to mature and bloom, but observing the complete cycle of growth from a tiny offset to a mature blooming specimen is part of the enjoyment of growing these truly fascinating plants!

Jay Thurrott

President of

Bromeliad Society International (2010-2016)

前言

空气凤梨或许是世界上最奇妙的植物之一，仅在空气中便可茁壮成长、开花结果。空气凤梨进入中国已近20年了，仔细回想，我种植的第一棵空气凤梨是10多年前家中的一棵“球拍”（*Tillandsia cyanea*），只是当时不自知罢。真正与空气凤梨结缘是在8年前，我在广州的花市偶遇，一直种植至今，也算是空气凤梨圈中的“老人”。当年国内关于空气凤梨的资料非常稀少，只能通过查阅园艺论坛及国外网站获取少许关于空气凤梨品种的知识，如何种植更是无从知晓，只能采取网络上口口相传的“泡水法”，结果却造成空气凤梨大量腐烂死亡，这时我才意识到这种所谓的“懒人植物”种植起来并非想象中的简单，于是慢慢开始摸索正确的种植方法。后来我结识了许多花友，我们一起交流种植经验，发现空气凤梨受种植环境和气候的影响非常大，国外的种植方式其实并不适合我国大陆的气候，经过不断的试验，逐渐总结出了目前最适合大陆气候的种植方法。

现在空气凤梨的种植在国内已经非常普及，在花市中随处可见，也有越来越多的花友加入了种植空气凤梨的队伍中。然而时至今日，依旧没有一本介绍适合我国大陆气候的空气凤梨种植书籍。每天都能遇到花友提出关于如何种植、是何品种等诸多问题。不少花友还采用老套刻板的种植方法，重蹈我们多年前的覆辙。更有花友上当受骗，在网上购买了不良商家挂

羊头卖狗肉的假品种，让人痛心疾首。此外，在与海外的花友交流中，发现部分品种中文名称不一致导致误解的现象，我们都强烈的希望能统一品种的中文名称。于是，我产生了编写一本详细介绍空气凤梨种植方法、制作空气凤梨品种图谱的想法。

我邀请了三位资深花友与我一起编写本书。吴志坚先生是中国空气凤梨的领军人物，在国际空气凤梨圈中也有很大的影响力，与我亦师亦友，本书中大部分图片皆由他提供。曹静女士开设的“绿领园”是国内最早的空气凤梨电商之一，她一直致力于空气凤梨在中国的普及，可谓“空气凤梨女王”。江雪峰先生与我是同城花友，他翻译了大量的英文资料，在原生品种的鉴别上经验丰富。三位作者都毫不吝啬地将自己整理归纳多年的资料写入了本书，毫无保留地与花友分享自己的种植经验。经过近一年的资料整理和编写，这本关于空气凤梨的书籍终于可以和大家见面了。本书从市场出发去讲品种，便于国内花友根据市场情况去选择适合自己的入门或者进阶品种；从实践出发去讲种植，分析国内的气候和种植条件，选用的图片都是花友们贡献的实物图，更能展示空气凤梨在国内种植的实际情况。

我还有幸邀请了时任国际凤梨协会主席 Jay Thurrott 先生，Jay Thurrott 先生对中国空气凤梨市场非常关心，以其渊博的学识为本书倾情作序，让本书锦上添花。还要感谢史旭晨先生、挞挞女士、baggio - 亮先生等多位资深花友的大力支持，贡献了大量的精美图片，丰富了本书的内容。感谢老友翟怡然女士在本书园艺品种译名工作中给予的帮助。

最后，由于本书作者皆非植物专业出身，难免疏漏，还望指正。衷心希望花友喜欢本书，爱上空气凤梨，加入空气凤梨种植的大家庭，享受空气凤梨种植带来的乐趣！

陆遥

2016 年

CONTENTS

第一章

空气凤梨简介

一、空气凤梨概述

空气凤梨，凤梨科铁兰属，属名为 *Tillandsia*，英文名为 Airplant。

空气凤梨属品种繁多，可分为原生种、杂交种、变异种及园艺种。一般认为原生种约为730种，佛罗里达凤梨协会理事会（Florida Council of Bromeliad Societies，简称 FCBS）已记录原生种 583 种。国际凤梨协会（Bromeliad Society International，简称 BSI）注册系统中登记的园艺种多达 585 种。目前，空气凤梨的品种仍在不断地增加，每年都有新品种诞生。值得一提的是，我国的空气凤梨爱好者也已经成功地杂交选育出了属于中国的空气凤梨新品种。

恩格勒系统分类位置

生物分类	中文名	拉丁名
界	植物界	*Plantae*
门	被子植物门	*Magnoliophyta*
纲	单子叶植物纲	*Liliopsida*
目	凤梨目	*Bromeliales*
科	凤梨科	*Bromeliaceae*
属	铁兰属	*Tillandsia*

二、空气凤梨的命名

铁兰属（*Tillandsia*）是由瑞典植物学家、医学家、动物学家 Carl Linnaeus 以瑞典植物学家、医学家 Elias Tillandz 的姓来命名的。

空气凤梨品种的命名遵循“二名法”，采用两个拉丁单词来命名。第一个是属名，第二个是种名。以原生种 *Tillandsia brachycaulos* 为例，*Tillandsia* 为属名，*brachycaulos* 为种名。为了记录和书写方便，一般简写为 *Till. brachycaulos* 或 *T. brachycaulos*。

杂交种则会在属名后标注母本和父本，命名形式为 *Tillandsia A X B*（A为母本，B为父本），如 *Tillandsia balbisiana x streptophylla*（柳叶杂电卷）。园艺种的命名形式为 *Tillandsia* 'A'，A 为园艺名，如 *Tillandsia* 'Imbroglio'（巨兽）。

此外，命名中还常见到一些拉丁文缩写，如：var. 即是变种；f. 即是变型；ssp. 即是亚种。

三、空气凤梨的地理分布及原生环境

空气凤梨分布广泛，主要原生地分布在墨西哥、洪都拉斯、阿根廷、秘鲁、美国等地区。空气凤梨的原生环境差异巨大，大部分品种附生于雨林、沼泽的树木上，有的品种生长于高山的岩壁上，有的品种附生在沙漠的仙人掌上，有的品种甚至附生在电线杆及电线上。

模拟空气凤梨附生树木的原生环境

四、空气凤梨保育现状

由于人类活动对空气凤梨原生地的破坏，以及近年来墨西哥凤梨象鼻虫的肆虐，所以不少空气凤梨品种面临着生存威胁。目前共有 4 个空气凤梨品种受《濒危野生动植物种国际贸易公约》保护，分别是：*Tillandsia harrisii*（哈里斯）、*Tillandsia kammii*（卡米）、*Tillandsia mauryana*（莫里）和 *Tillandsia xerographica*（霸王）。这些品种的野生植株受到了国际贸易的管制，目前市面上可购买到的均为人工培育。

五、空气凤梨在中国市场的发展

空气凤梨作为观赏植物早在 100 多年前它的品种就已经开始被人工选育。20 世纪 80 年代，空气凤梨在国外流行，许多国家的空气凤梨爱好者建立了专业化的大棚，对空气凤梨进行种植及杂交育种。

空气凤梨较晚于其他观赏凤梨进入中国市场，在 2005 年，包括绿领园在内的数个国内较早的空气凤梨销售商开始从国外大量引进空气凤梨，极大地增加了空气凤梨在我国的知名度。近几年来，东南亚等地区的空气凤梨种植业发展迅猛。凭借气候上的优势，大量来自东南亚的空气凤梨涌入了我国市场，我国市场上售卖的空气凤梨绝大多数均来自东南亚。

目前，中国的空气凤梨市场正在处于快速发展的阶段。花友们面临的最主要的问题是大家对品种的认识模糊不清。不少空气凤梨外形相似，部分国内商家随意标注中文品种名，以普通的品种充当稀少品种，更有甚者直接套用其他的品种学名，以获得更大的利润。另一方面，东南亚的空气凤梨市场远没有欧美市场的规范，同样存在着品种混乱的现象，这直接导致了大量混乱的品种进入了我国市场。因此，笔者也希望借此书为广大的空气凤梨爱好者提供品种鉴别上的帮助，推进中国空气凤梨市场的规范化发展。

市场上销售的空气凤梨品种多样

第二章

空气凤梨的形态和功用

一、空气凤梨的形态

1. 根

大部分的空气凤梨附生在其他的植物上，根部主要起到攀附固定的作用。新生的根为浅黄色，此后逐渐变为黄褐色。栽培时若觉得根部影响观赏可剪去。

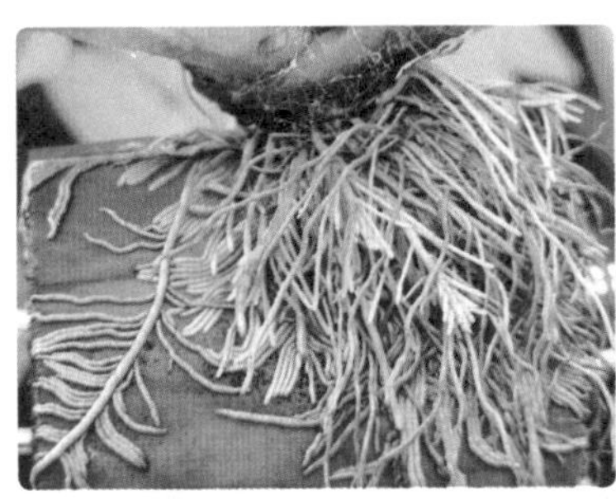

空气凤梨发达的根系

2. 茎

多数空气凤梨的茎部较短且不明显。部分空气凤梨为长茎型品种，如：*T. albida*（阿比达）、*T. araujei*（阿朱伊）、*T. diaguitensis*（鱼骨）等。经过长时间的栽培，部分品种的茎部可达到 1 米以上，如：*T. latifolia*（毒药）。

长茎型空气凤梨——*T. albida*（阿比达）、*T. diaguitensis*（鱼骨）

3. 叶

空气凤梨的叶序多为轮生，叶形多为剑形或针形，表面附有灰白色的鳞片。根据鳞片数量的疏密，叶片呈现为银色或绿色，常被称为银叶种，如：*T. didisticha*（迪迪斯），或绿叶种，如：*T. flabellata*（火焰）。通常而言，银叶种叶片较厚，生长于日照强烈，气候干旱的地区；绿叶种叶片较薄，生长于湿润的地区。

许多空气凤梨的叶片有着鲜艳的色彩，这种色彩通常出现开花期间，以及光照较好、温差较大的秋冬季。

银叶种 *T. didisticha*（迪迪斯）

微距下，银叶种叶片

绿叶种 *T. flabellata*（火焰）

微距下，绿叶种叶片

4. 花

空气凤梨花冠由3片花瓣构成，颜色和形态多样，紫色管状是空气凤梨最典型的花冠。此外还有各种花色，如：白色的*T. arequitae*（初恋）、橙色的*T. ericii*，绿色的*T. atroviridipetala*、红色的*T. funckiana*（小狐狸尾），还有漏斗、高脚杯状等多种形态。

色彩丰富、形态各异的空气凤梨花

空气凤梨的花为两性花，有典型的雄蕊和雌蕊。

空气凤梨的花蕊

空气凤梨花序也被称为花箭，颜色姿态都十分华丽，花梗上有着形态各异的苞片，如：呈剑状的 *T. chiapensis*（香槟）、呈分叉状的 *T. rothii*（柔婷）、呈球状的 *T. stricta*（多国）等。

不同形状的空气凤梨花序

空气凤梨开花时，植株通常会出现鲜艳的颜色，被称为婚姻色。除了 *T. ionantha*（精灵）等少数品种开花过程较快，大多数品种开花，从花序的形成到花朵的绽放往往要经历很长的时间。下面的这组照片很好地记录了空气凤梨叶心发色、抽出花箭直至开花的全过程，前后历时两个月。

正常生长的植株

植株中心出现粉红色的婚姻色

花箭从中心抽出

花箭逐渐长大

花箭展开

历时两个月余终于开花

遗憾的是，一棵空气凤梨一生只能开一次花，因为开花耗费植株大量营养，所以开花后植株会停止生长并逐渐衰败走向死亡，这种特性称为一次结实性。所幸空气凤梨会在底部或茎部产生侧芽，部分品种会在花梗上产生侧芽，如 *T. intermedia*（花中花）。这些侧芽会继续生长、开花，最终形成群生。

空气凤梨母株底部侧芽

空气凤梨母株的花梗芽，左图为 *T. intermedia*（花中花），右图为 *T.* 'Impression Perfection'（*T. albida* × *T. concolor*）

群生的空气凤梨

5. 果实

空气凤梨的果实是荚果，常被称作种荚、果荚。种荚初为绿色，逐渐变为深褐色。种荚成熟后会裂开，露出种子。

种荚成熟后得到种子

6. 种子

根据品种的不同，一个种荚内约有 20 ~ 200 颗种子。种子多为浅褐色，大小约为 0.1 ~ 1 毫米，顶端有黄白色的冠毛。

空气凤梨的种子

二、空气凤梨的功用

1. 空气凤梨的观赏及家居美化

空气凤梨生长方式奇特，它的叶和花形态多样，具有很强的观赏性。目前市面上较多的空气凤梨装饰品为空气凤梨与珊瑚、木艺品的组合，此外还有空气凤梨（松萝）窗帘、空气凤梨壁画等多种装饰品，可用于家居环境的美化。

2. 环境监测及净化空气的作用

空气凤梨是景天酸代谢途径植物（CAM 类植物），这类植物白天气孔关闭，夜间气孔开放，吸收二氧化碳，产生氧气，适合家居种植。此外，空气凤梨还有作为空气污染程度指示植物和净化空气的作用。国外研究显示，空气凤梨叶片可以吸附大气中的重金属、甲醛、多氯化联二苯和多环芳烃等物质，检测叶片中这些物质的含量可以判断当地的空气质量。国内研究亦发现空气凤梨较其他常见家居绿植具有更强的吸收甲醛、甲苯等有毒物质的作用。当然，在净化空气方面，单棵空气凤梨起的作用微乎其微，只有在数量相当大的情况下才能短时间内有效净化空气。

第三章

空气凤梨的栽培

一、空气凤梨的挑选及购买

随着空气凤梨种植的普及，在花市或者电商平台上都能轻松地购买到空气凤梨。绿领园中国空气凤梨网每年也会定期组织团购，方便花友购买空气凤梨。为了更好地享受栽培空气凤梨的乐趣，在挑选和购买前请先做好准备工作。

准备1

首先，要认识空气凤梨的品种。目前，部分商家常根据空气凤梨的形态或者字母谐音随意命名，这样很容易让人混淆。因此，通过学名来确认品种是比较好的方式。但拉丁文学名晦涩难懂，死记硬背不是什么令人愉快的过程。所以，本书收录了市场上常见的品种做成图鉴，供读者对比参考之用。另外还可以登陆佛罗里达凤梨协会理事会的网站（http://fcbs.org）查阅原生种的资料，登陆国际凤梨协会的网站（http://www.bsi.org）查阅杂交种和园艺种的资料。

准备2

其次，要根据自己的种植环境挑选合适的品种进行栽培。阳光充足、干燥的环境更适合银叶品种，光照欠佳、湿润的环境则更适合绿叶品种。部分品种对温度有一定的要求，种植环境若不适合，建议不要轻易尝试。

准备 3

再次，要挑选健康的植株。挑选技巧可归纳为“望、闻、问、切”四点。

望：健康的空气凤梨看起来是鲜活、饱满的，而病态的空气凤梨则是萎靡、晦暗的；注意观察空气凤梨的基底部是否有发黑的现象，这常常是空气凤梨腐烂的征兆（当然，部分基底部本身就为黑色的品种除外）；注意观察叶片上是否有虫害。

闻：若在花市挑选，不妨拿起空气凤梨闻一闻，健康的空气凤梨没有特殊气味，腐烂的空气凤梨可闻到酸臭的腐败味道。

问：可以通过咨询商家或花友了解品种，要求电商提供真实图片挑选空气凤梨。

切：轻按空气凤梨的基底部，健康的空气凤梨基部坚硬，腐烂的空气凤梨基部发软。

天生黑“屁股”的品种 *T. vicentina* var. *wuelfinghoffii*（维斯蒂娜变种）

准备 4

最后，还要学会接受空气凤梨的不完美。多数空气凤梨品种是从国外引进的，长途跋涉难免影响了空气凤梨的品相。缺水、折叶、晒斑、枯叶等都是正常的现象，通过细心养护，空气凤梨将重现美丽。

二、空气凤梨的家庭养护要点

花友买到心仪的空气凤梨后往往不知道该如何养护：多长时间浇一次水？泡水还是喷水？能不能露天种养？能不能淋雨？……也有不少花友依照网上陈年帖子教授的方法精心养护，而最后的结果却往往是“凤死人悲”。

由于我国幅员辽阔，南方和北方的气候差异巨大，空气凤梨的栽培方法不能一概而论。但只要掌握了空气凤梨养护的四要素：通风、光照、湿度、温度，要养好空气凤梨其实并不困难。

1. 通风

通风是指有新鲜空气进行交换和对流的环境。空气凤梨在通风环境下生长要比封闭环境中生长的速度更快，植株更强壮，侧芽产量也更高。此外，浇水后通风不佳极易造成空气凤梨闷芯，这是造成空气凤梨腐烂、死亡最主要的原因。因此，提供良好的通风环境是养好空气凤梨最重要的环节。就通风而言，南北方露养环境下管理差异不大。北方室内越冬时，由于通风较差，浇水后尽快用电风扇把植物吹干为宜。

NO.2

2. 光照

一般而言，每天 8 小时左右的窗台散射光就可以满足空气凤梨生长的需求。若想把空气凤梨养出最佳的状态和拥有良好的发色，就必须根据不同品种对光照的不同需求，合理安排好采光的位置。简单说鳞片少、叶子薄的品种对光照需求比较弱，可放置在采光稍差的位置；鳞片厚、叶子硬的品种对光照需求量大，应放置在采光最佳的位置。在合理安排空气凤梨光照环境的同时，还需要根据季节进行适当的调整。一旦夏天气温超过 30 摄氏度，绝大部分空气凤梨品种都需要进行遮光保护，否则很容易因为暴晒而被烈日灼伤。一般家庭用遮光率为 50% 的遮阳网遮光即可。北方和南方部分省份的冬季，空气凤梨需在室内越冬，则应尽量把空气凤梨安置在靠近窗边等光线比较明亮的地方。若光照不足，需添置植物灯进行补光。

NO.3

3. 湿度

湿度是影响空气凤梨生长速度快慢的重要因素之一，也是最容易让花友迷失的一项。

误区一

增加空气凤梨浇水的次数以增加湿度？这种做法往往造成空气凤梨植株上的积水不能及时吸收，进而植株受到感染导致腐烂。其实，空气凤梨真正需要的是较高的空气湿度，而不是液体水分。

误区二

空气凤梨和其他盆栽一样，需要定时浇水？这种做法往往欲速则不达，容易造成空气凤梨烂芯死亡、生长不良、老叶干尖，破坏美感。实际上，当空气凤梨生长环境湿度达到 80% 以上时，空气凤梨自身就能不断地从空气中获取足够的水分和养分，以维持正常生长。由于家庭环境的湿度没法长期维持原生地的湿度条件，所以才需要人为定期地通过适当浇水进行水分的补充，以保证他们能健康生长。

那怎样给空气凤梨浇水才合适呢？这是我国南方和北方空气凤梨种植管理中相差最大的一个环节。根据长期的观察和种植的经验，“南喷北泡”是比较适合我国家庭空气凤梨养护的方法。

“南喷”：南方常年湿度高（平均湿度大于 50%），比较适合喷雾，正常喷雾频率是每周 2 ~ 3 次。

“北泡”：北方常年湿度比较低（平均湿度小于 50%），通过泡水才能更好地满足空气凤梨的生长需要，根据季节湿度掌握正常泡水频率，一般每周 1 ~ 2 次，每次 4 ~ 8 小时为宜。也可根据空气湿度来决定泡水时间的长短，湿度越低泡水时间越长，反之亦然。但有部分品种是不建议泡水的，如：*T.seleriana*（犀牛角）、*T.caput- medusae*（美杜莎）、*T.ionotha*（小精灵）和叶片密集的群生品种。

NO.4

4. 温度

空气凤梨的生存适温是 5 ~ 40 摄氏度，有少部分品种的生存温度不能低于 10 摄氏度，如：*T.andreana*（宝石）、*T.heteromorpha*（小狐狸尾）、*T.flexuosa*（旋风）、*T.rothii*（柔婷）和 *T.xerographica*（霸王）等，以及以它们为父本的杂交种都不能适应 10 摄氏度以下的低温。我国南北方的气候相差悬殊，因此在空气凤梨的日常温度管理上也有很大的差别。广东、广西、海南、福建等几个省份的大部分地区常年温度都在零度以上，但冬天出现寒潮时候还是可能会出现 5 摄氏度以下的低温，同时这些地区湿度比较高，湿冷会造成空气凤梨冻伤甚至死亡。所以空气凤梨南方越冬必须要多关注天气预报，在寒潮低温天气（最低温度低于 10 摄氏度）来临的前一周提前对空气凤梨进行断水、将积水倒干的处理。露天种植需要覆盖透明薄膜遮雨或者把空气凤梨收进雨水淋不到的地方躲避寒潮（极度怕冷的品种必须进行保温处理），寒潮过后温度回升才恢复正常管理。对于南方某些冬季温度几乎都在 10 摄氏度以下的省份要对空气凤梨进行保温或者断水处理。空气凤梨极度缺水的情况下，需要用 25 ~ 30 摄氏度的温水进行喷浇，给水后尽快用电风扇把植物表面吹干避免积水。北方大部分省份冬天都有供暖设备，所以空气凤梨可以室内越冬，室内越冬反而比南方安全，只需注意通风、光照即可。此外，夏天气温在超过 30 摄氏度时候，应对空气凤梨进行 50% 的遮光处理，防止高温造成暴晒灼伤甚至死亡，高温天气下给空气凤梨浇水应选择在晚上。南方还需注意暴雨或台风来临前的高温闷热天气，应对空气凤梨进行控水甚至断水处理，避免因闷伤、烂芯而造成不必要的损失。南方冬天浇水应尽量选择在中午温度较高的时候进行。

最后，空气凤梨一般不需要特殊补充肥料。施肥可选用国外空气凤梨专用肥料或者花宝 4 号，将肥料溶解于水中后均匀喷洒在叶面上。以少量多次为原则，开花期避免施肥。

三、团购空气凤梨到货的处理

团购是空气凤梨集合采购的一种形式，以普通品种为主。团购的空气凤梨是从国外种植场直接发货，要经历长时间长距离的运输，所以空气凤梨都经过了断水的处理。但不少花友收到团购的空气凤梨后，发现植株较干或者枯叶，于是就马上泡水或者频繁的泡水，希望空气凤梨尽快恢复生机。可是这样的做法并不合适，此时空气凤梨状态较差或存在运输的损伤，浇水过多极易造成腐烂。

合适的处理方法应该是：到货后不要急着给水浇水，先将空气凤梨放在阴凉通风的地方 2 ～ 4 周让其自我修复和适应环境。2 ～ 4 周后的第 1 个月内每周最多只浇 1 次水（喷雾或过水，勿泡水）。第 2 和第 3 个月内每周浇水 2 次，浇水后倒挂在通风处晾干（不要暴晒）。待空气凤梨逐渐适应，即可恢复正常的管理。

团购刚到的空气凤梨

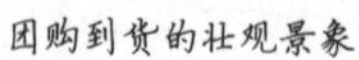

团购到货的壮观景象

养护恢复后的空气凤梨

四、空气凤梨的常见病害及处理

1. 腐烂

腐烂是最常见也是最致命的损伤，常由于浇水不当造成。症状表现为植株底部发黑腐烂或者叶芯腐烂。遇到这种情况请立即去除腐烂的叶片直至健康区域，断水至伤口完全愈合后再恢复正常管理。处理得当，空气凤梨可以继续正常生长或从叶芯长出侧芽。

腐烂死亡

2. 折叶

长途运输难免造成空气凤梨折叶等外伤，若觉得影响美观可予剪去，对生长没有任何影响。

折痕和断叶

3. 枯叶

枯叶一般是空气凤梨叶片正常代谢老化的表现，可适当地将枯叶去除，但需注意不要伤及侧芽。

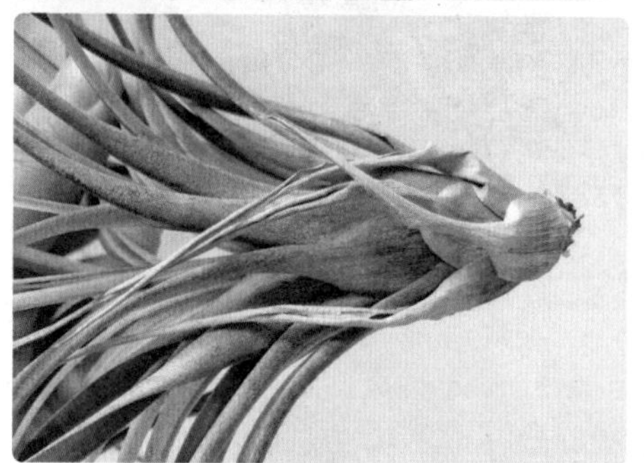

底部枯叶

4. 叶尖干枯

浇水频率过高或过低都可能造成植株叶尖干枯，请根据环境湿度调整浇水频率，叶尖干枯部分可予修剪。

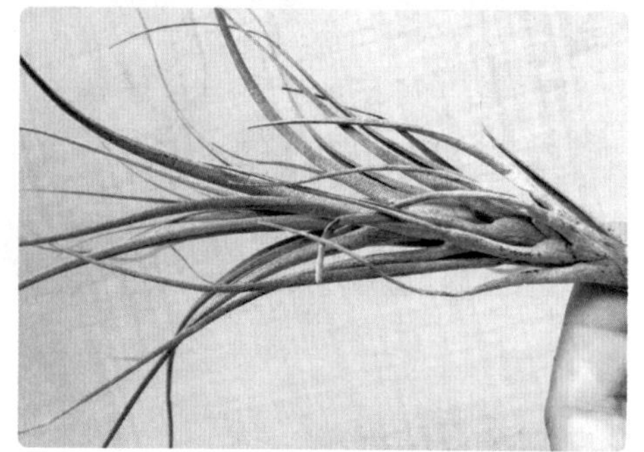

叶尖干枯

5. 生长停滞

极端天气或环境的变化可能导致空气凤梨生长停滞，当空气凤梨再次开始生长时会留下一道痕迹，无需处理。

生长停滞恢复后留下的叶痕

6. 晒伤

常见于绿叶品种，多出现在夏季浇水后，烈日灼伤叶片，叶片出现焦黄的晒斑，严重时可导致植株死亡，夏季应注意绿叶种的防晒，避免在阳光猛烈时浇水。

叶片晒斑

7. 冻伤

冬季低温冻伤叶片，表现为叶片出现淡黄的冻斑，严重时可导致植株死亡，冬季应注意将不耐寒的品种移入室内保温，避免在夜晚低温时浇水。

叶片冻斑

8. 病虫害

空气凤梨极少出现虫害，常见的是来自其他植物的红蜘蛛和叶螨。虫害以预防为主，选购时应注意植株上有无害虫及虫卵。出现虫害时，可使用大量清水彻底清洗植株，然后选用护花神等杀虫药物按照说明使用。

红蜘蛛（图中黄色小点）和网

红蜘蛛导致叶片出现虫斑，严重时植株死亡

第四章

空气凤梨的繁殖和选育

一、空气凤梨的侧芽繁殖

空气凤梨生长到一定时候便会产生侧芽（通常在开花后）。一般来说侧芽都长在母株的基底部，长茎型品种的侧芽常长在茎上，少部分品种非常奇特，如 *T. intermedia*（花中花）、*T. flexuosa vivipara*（木柄旋风）。这些品种的侧芽可长在花梗上，称为花梗芽。

花梗芽

根据品种的不同，空气凤梨一生可长出一个或者多个侧芽。由于空气凤梨播种繁殖的时间非常漫长，短则数年，长则数十年，侧芽繁殖成了空气凤梨家庭栽培中最主要的繁殖方式。空气凤梨长出侧芽后，我们可以选择让侧芽继续留在母株上生长，从而形成群生。亦可以将侧芽从母株上分下，单独进行栽培。

（一）空气凤梨分株方法

1 选择需要分株的空气凤梨。建议选择侧芽约为母株大小的 1/3 以上的植株，分株后侧芽较易成活。

健壮的侧芽

2 找到侧芽与母株的连接处。若操作困难，可去除母株部分叶片。

去除阻碍的叶片

3 手指按住侧芽基底部，轻轻掰下即完成分株。

分离

掰断

分离后的侧芽

（二）使用器械对大型侧芽分株和高位侧芽进行分株

通常我们可以徒手操作完成分株，但遇到部分大型侧芽、高位侧芽等分株较难的情况，可以使用器械（如刀片）进行辅助，这样分株的成功率更高。

1. 大型侧芽

1 选择需要分株的空气凤梨。尝试徒手掰下侧芽时，发现侧芽与母株间有大量坚韧的维管束相连，无法顺利分离。

侧芽与母体连接紧密

2 使用刀片小心地切断维管束后，轻轻掰下侧芽，完成分株。

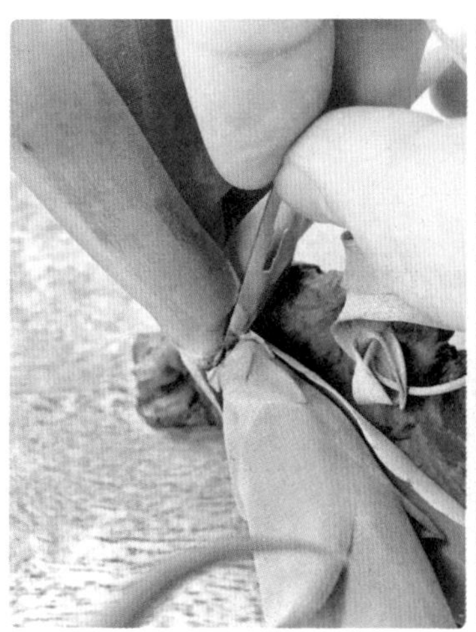

使用工具切断

2. 高位侧芽

1 选择需要分株的空气凤梨，发现侧芽基底部被母株叶片完全遮盖。

高位侧芽

2 用刀剖开侧芽外层母株的叶片，彻底显露侧芽基底部。

清理阻碍的叶片

3 沿侧芽基底部切下，完成分株。

切下侧芽

（三）注意事项

需要注意的是，无论选择徒手还是器械分株的方法，都必须保证侧芽基底部的完整。否则将无法维持侧芽植株的完整性，侧芽叶片散开，分株失败。

叶片散开的侧芽

分株后不要马上浇水，待母株及侧芽的伤口彻底干燥后才能进行正常的养护。一般来说，分株后的母株还会继续产生侧芽。此外，在母株开花前剪去花序，可让母株产生更多数量的侧芽。

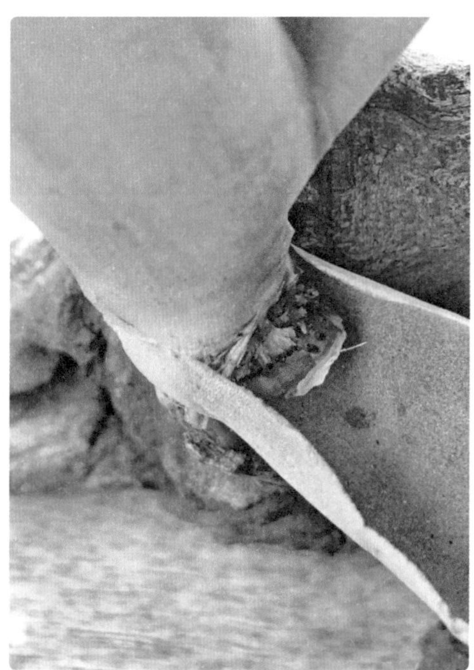

分株后母株与侧芽的伤口

二、空气凤梨的杂交育种

当积累了一定空气凤梨栽培经验的时候，就可以尝试进行空气凤梨的杂交育种。空气凤梨可通过自花授粉和异花授粉获得种子。自花授粉的操作比较简单，只需将同一株空气凤梨雄蕊的花粉沾到的雌蕊上即可完成。若授粉成功，空气凤梨会结出种荚，种荚成熟裂开后获得种子。

（一）杂交的特点

不同品种的空气凤梨之间进行杂交培育有一些基本特点：

1. 原生种和原生种之间的杂交比原生与杂交种之间的杂交成功率高；原生种跟杂交种之间的杂交比杂交种与杂交种之间的杂交成功率高。

2. 花型相同的品种之间的杂交比花型不同品种之间的杂交成功率高；花序形态相同的品种之间的杂交比花序形态不同的品种之间杂交成功率高。

3. 开花后越早进行杂交比开花后越迟杂交成功率高。

4. 怕冷的品种做母本与耐冻的品种杂交产生的新品种大部分不怕冷；相反，耐冻的品种做母本与怕冷的品种杂交产生的新品种大部分比较怕冷。

5. 怕热的品种做母本与耐热的品种杂交产生的新品种大部分不怕热；相反，耐热的品种做母本与怕热的品种杂交产生的新品种大部分不耐热。

6. 怕冷的品种之间的杂交或怕热的品种之间杂交，产生的新品种大部分保持原来的性状。

7. 杂交产生的新品种大概率遗传父本的形态、母本的质感及与母本相似的花型（部分品种除外，例如“精灵”“章鱼”和“树猴”等）。

（二）空气凤梨品种杂交的步骤

❶ 准备杂交品种的亲本，父本为花粉方，母本为被授粉方。右图中左侧为父本，右侧为母本。母本最好在开花前一天放到相对封闭的环境，避免蜜蜂、蝴蝶等提前帮你完成授粉的工作。

左侧为父本，右侧为母本

❷ 授粉前先用镊子把母本未成熟的雄蕊都拔去，然后检查母本的雌蕊上面有没有粘上自己的花粉，防止母本没杂交前已经自花授粉。确保没有粘上花粉后，把母本的雌蕊放到父本的雄蕊上面，轻轻进行互相摩擦。直到母本雌蕊柱头都均匀粘上父本雄蕊的花粉为止。

授粉的雌蕊

❸ 在预先准备好的标签上（推荐用吊挂型标签）写上父母本名字和日期，把标签吊挂在母本的花键或植物上面以防杂交成功以后忘记父本名字。

父母本吊挂标签

4 父母本授粉配对成功后，大部分品种通常在 2 ~ 6 个月内可以看到种荚，这表明杂交已经迈出成功的第一步。

刚长出的种荚

5 空气凤梨长出的种荚大概需要经过 3 ~ 30 个月左右才能成熟（视品种而定），成熟种荚颜色会慢慢转为褐色，接着就会开裂。这说明种子已经成熟，到这个阶段，空气凤梨杂交又向成功迈进了一步。

开裂的种荚

6 收集成熟的空气凤梨种子，做好记录，便可进行杂交育种的最后一个环节——播种。

收集到的种子

三、空气凤梨的播种及育苗

（一）影响播种育苗成功率的因素

利用空气凤梨的播种盒育苗是整个空气凤梨杂交育种中最重要、也是难度最大的一环。新鲜的空气凤梨种子可以保存 1 年左右，因为种子保存时间越长发芽率越低，所以建议空气凤梨种子采收后要尽快进行播种育苗。

空气湿度是影响空气凤梨播种育苗成功率的一个重要因素。我国南北气候相差甚大，空气湿度更是如此。不同地区采用的播种基质不能千篇一律，要根据各地气候湿度不同，自行调整和把握。南方湿度高，建议用塑料、不锈钢网纱和蛇木板等防霉、通风透气好的材料做基质。北方湿度低，建议用水苔、纱布和椰棕等保湿性强的基质进行播种育苗。

在气候炎热、空气湿度大的珠三角，我们设计了一种小型空气凤梨育种箱。

空气凤梨育种箱

（二）空气凤梨家庭播种育苗过程讲解

1. 播种

先把空气凤梨种子尽可能均匀的分散在基质上，接着用喷壶把种子全部喷至湿透，这样种子就能利用冠毛黏附在基质上面。

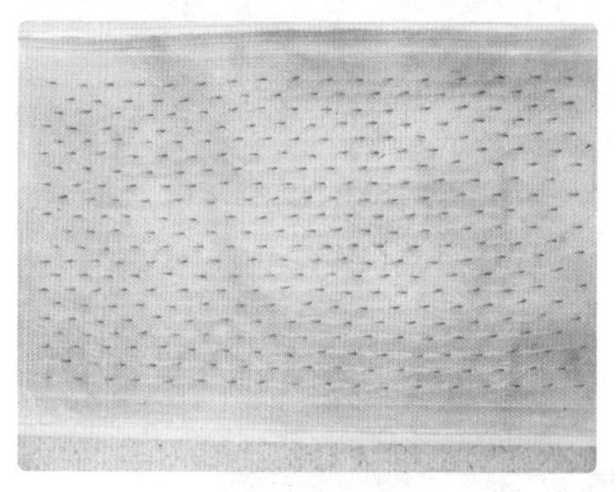

苗床

2. 贴标签

用标签把种子的品种名称（杂交品种写上父母本名字），附在所播种子旁边。

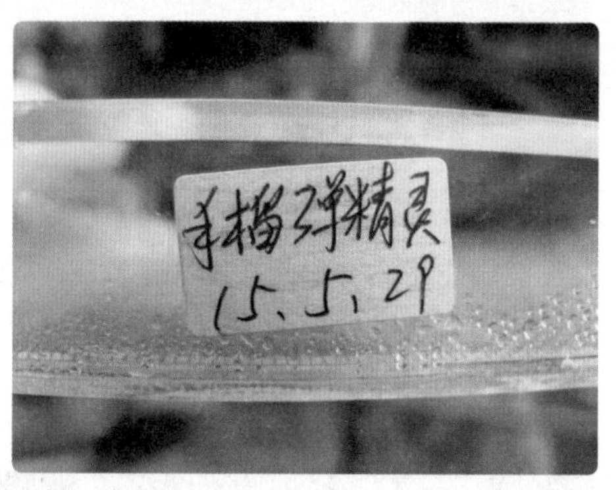

标签与日期

3. 光照与水分

把种苗放置在光照柔和的地方，光照太强种苗和基质上容易有绿藻附着，影响种苗光合作用，导致种苗虚弱而死。同时尽量把温度保持在 15 ~ 28 摄氏度之间，温差不宜过大。

空气凤梨种苗和空气凤梨成体对水分的需求是不相同的，小苗对水分需求比成体要高很多。空气凤梨种子天生的冠毛结构是有黏附和保湿的作用，直到种苗长大对水分要求不多时，冠毛才会自动脱去。因此，空气凤梨种苗在生长初期必须保持湿润不能干透，否则种苗会有干死或者僵苗的危险，导致播种育苗的失败。

4. 发芽

配对成功的空气凤梨种子大概在播种的 3 ~ 10 天内（视品种而定）就会发芽，另外有些品种杂交后虽然能出种荚也有种子，但却不能发芽，这样代表杂交配对失败了。

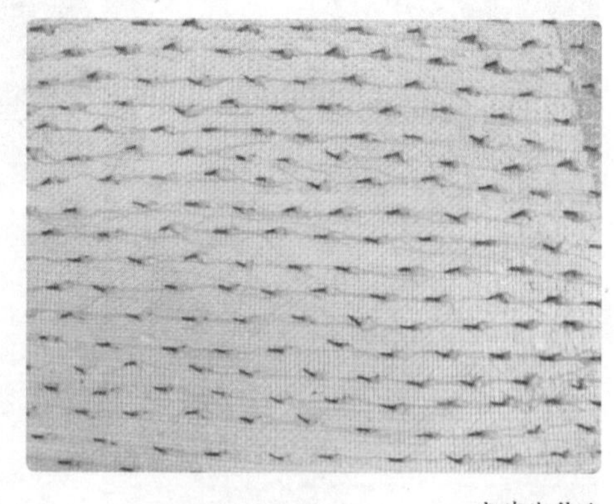

发芽的种子

5. 保湿

种子发芽后要保持湿润，小苗才能得以正常生长。种苗在初期生长非常缓慢，也会因为各种因素，如温度、湿度、通风等环境变化的影响而造成种苗死亡，这是空气凤梨家庭育种的正常现象。

控制好湿度是保持种苗高成活率的关键。尽量让种苗生长环境保持稳定，这需要不断提高个人管理技术来实现。另外，空气凤梨种苗非常脆弱，禁止对发芽 1 年内的种苗进行随意移动，2 年内不得喷洒任何化学物质和肥料，否则会导致种苗的大批死亡。

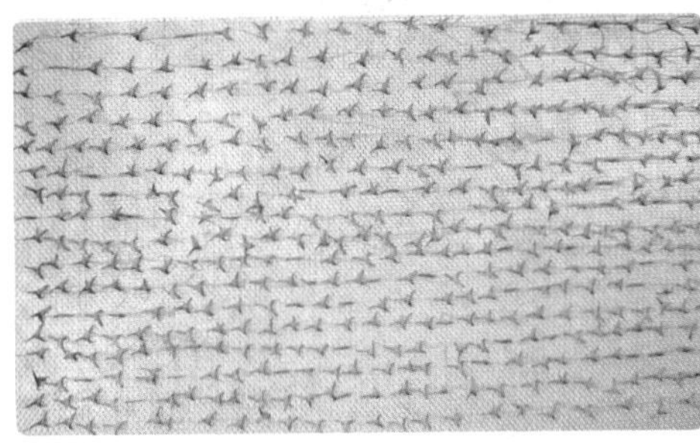

种苗生长情况

6. 疏苗和移苗

空气凤梨小苗一般经过 2 年生长期后基本稳定，可以进行疏苗、移苗。移苗后的空气凤梨小苗可以每周用浓度 5000 倍左右的花宝 4 号施肥 1 次，喷水次数也减少到每天 1 次。

大部分空气凤梨小苗经历 3 年生长周期后将会迎来一个快速生长时期，这时的空气凤梨小苗也可以按照成体的方式进行管理，到这里基本可以宣告杂交育种成功。

移苗

育种成功

第五章

空气凤梨造景

空气凤梨千姿百态造型优美，生长不需要土壤或其他基质，在空气中就能生长。正是这种特性，让它具有了其他植物所不能比拟的优势，成了家居装饰中一道靓丽的风景线。

无论是直接悬挂栽培，或是栽培在传统的花盆、吊篮中，又或是与铁艺、木艺工艺品的结合，空气凤梨都散发着它独有的魅力。空气凤梨造景只有你想不到，没有做不到，可谓浓妆淡抹总相宜。在本章中，我们将从造景工具、造景方法以及造景实例 3 个方面和大家一起分享空气凤梨的造景。

一、空气凤梨造景的常用工具

DIY 空气凤梨花器不仅可以消磨时间、缓解压力，更能让您充分发挥动手能力和想象力，我们先介绍常用的造景工具。

1. 钳子

各种钳子是 DIY 的必备工具，拧、缠铝线等操作都会使用到这些工具。

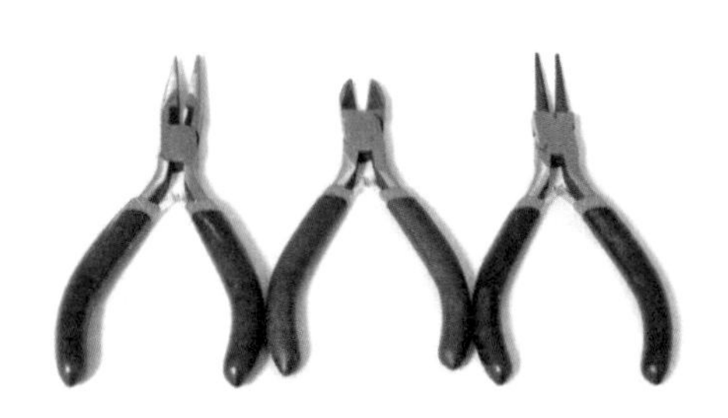

2. 铝线

铝线广泛应用于空气凤梨种植，以及花器、工艺品的制作中。铝线柔软不伤手，易折、易弯曲、易成形，另外铝线不像铜线等会对空气凤梨植株造成伤害。

3. 圆锥形模具

圆锥形物件是用来制作铝线挂圈的模具，非常简单方便。如酒瓶、饮料瓶等物品都可以成为你制作铝线圈的模具。

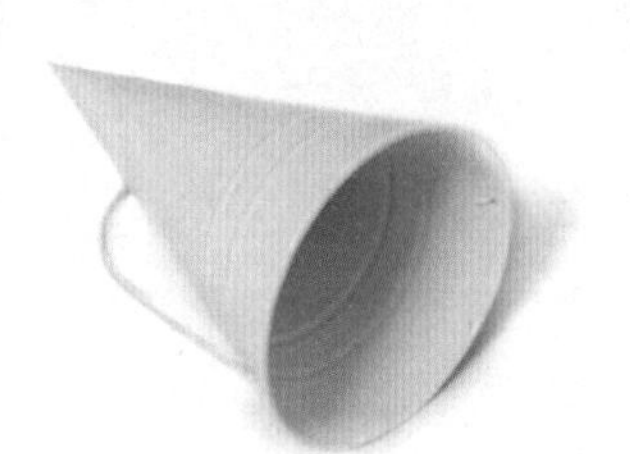

4. 小刀

小刀在高难度侧芽分割操作时是必不可少的，玻璃刀和手术刀也是不错的选择。

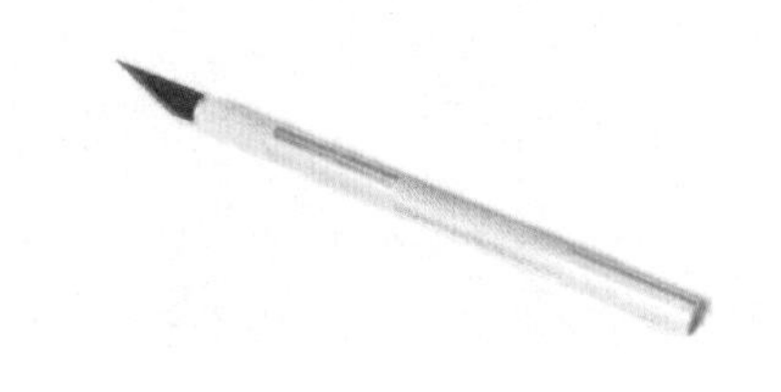

5. 胶水

推荐使用 E6000 胶水，它具有优异的粘结力同时对空气凤梨没有任何伤害。除了干燥固定时间较久以外，使用方法非常简单。此外，热熔胶也可以使用，但是熔胶温度较高可能烫伤空气凤梨，另外，热熔胶长期湿水也容易脱落。

6. 电烙铁

用于木制品钻孔的工具。使用时只需插电几分钟，发热后在需要钻孔的木头上钻孔即可。电钻等工具也可达到同样效果，但操作起来没有这么简便。

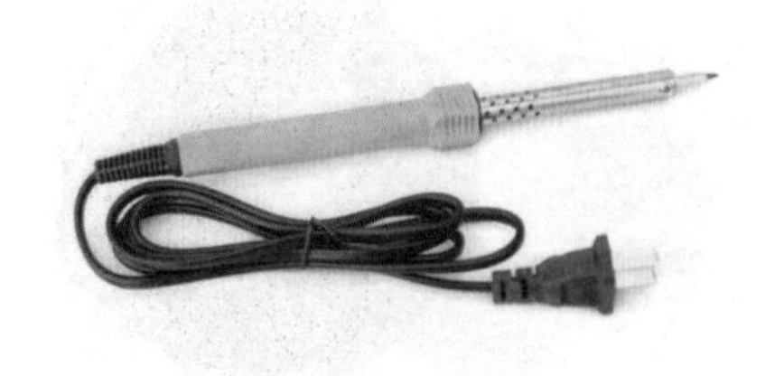

7. 标签

用于标注空气凤梨品种的防水标签。不少空气凤梨品种外形相似，种植数量多时容易发生混淆，最好对不同品种进行标注。

二、空气凤梨造景材料

空气凤梨一般只需要铝线悬挂或是粘在木头就能很好地生长，少部分品种可以使用种植基质进行盆栽。由于空气凤梨生长的特殊性，常规的泥炭等种植基质容易造成空气凤梨底部腐烂，因此挑选空气凤梨的种植基质需要谨慎。市场上种植基质的选择多样，下面我们简单介绍适合空气凤梨使用的种植基质。

1. 树皮

从树干上剥下来的树皮，具有透气性好、保水性适中的特点。小块的树皮适用作空气凤梨或积水凤梨盆栽的基质。缺点是长时间的湿润环境下树皮容易生虫。大块的树皮可用 E6000 胶水粘合空气凤梨，搭配各种配件进行造景。

2. 陶粒

由粘土经高温烧制后形成的具有一定孔隙度的球状陶粒。形体各异、颜色多样，可重复使用，减少浪费。更重要的是保存水分的同时不会滋生虫子，非常干净。

3. 水苔

由天然的苔藓晒干制成。水苔保水时间较长，同时具有不错的透气性能。用法是将空气凤梨的底部用水苔裹住，再搭配其他基质如陶粒或树皮等。

三、空气凤梨的常见造景形式

1. 空气凤梨与铝线搭配

简单的铝线是空气凤梨最常用的种植造景方式，彰显其与众不同的生长方式。注意不要使用铜线和铁线，因为它们对空气凤梨有一定毒性。

铝线与空气凤梨搭配造景

2. 空气凤梨与传统花器

盆栽造景特别适合大型空气凤梨品种，种植基质可选用松树皮、陶粒等。

栽培在花盆或吊盆中的空气凤梨

3. 空气凤梨与特色花器

空气凤梨可放置在贝壳、玻璃、竹艺，以及其他各种材质和造型的花器上。搭配造型独特的品种，妙趣横生。

空气凤梨与各式花器的搭配

4. 空气凤梨与木艺

在家居装饰中，空气凤梨和木头是绝配。空气凤梨让普通的木头充满生机，成为具有生命力的艺术品。

空气凤梨与树皮、树枝的搭配

四、空气凤梨定型的制作步骤

空气凤梨定型除了可以使用已有的花具，还可以通过DIY来制作。

1. 三步法制作铝线造型

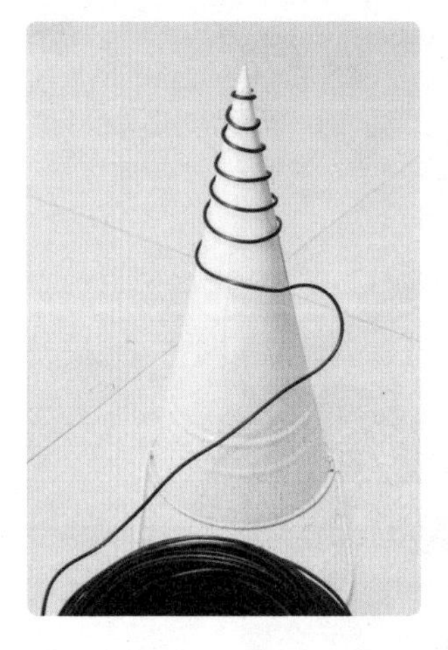

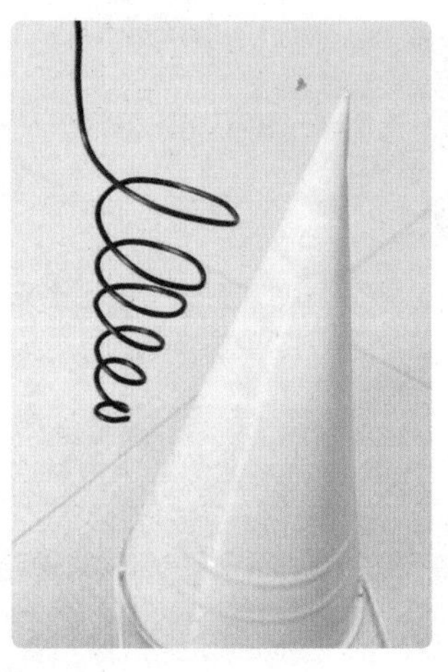

1 准备材料和工具：空气凤梨、铝线（根据品种使用不用粗细的铝线）、圆锥或圆柱体的物品。

2 沿着圆锥或圆柱体缠绕铝线。

3 取下铝线，放入空气凤梨，调整铝线圈。

2. 三步法制作木头造型

1 准备材料和工具：空气凤梨、木头、E6000 胶水、电钻（选用）。

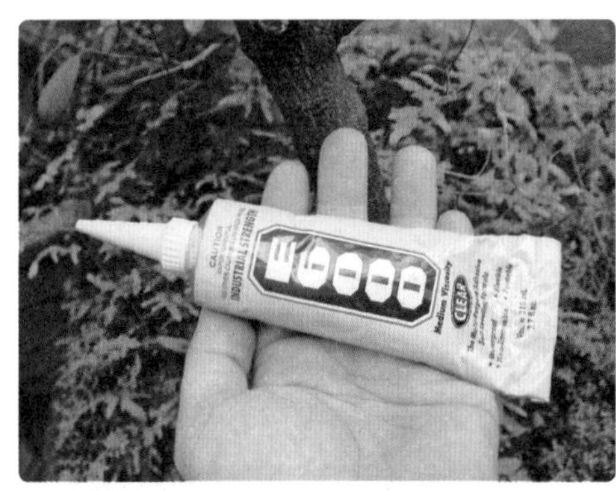

2 在木头上挑选合适位置钻孔（该步骤可省略），涂上适量的 E6000 胶水。

3 将空气凤梨底部放置于胶水上，等待大约 30 分钟，胶水凝固后即可。

五、空气凤梨造景实例

在掌握基本造型技巧以后，花友们可以充分发挥想象力，为自己心爱的空气凤梨造型、造景。下面就让我们一起欣赏花友们精致有趣的家庭景观。

1. 上海花友史旭晨的空气凤梨阳台景观

空气凤梨阳台景观

制作步骤

1 准备工具与材料，包括玻璃胶、轨道、网格等。

2 丈量尺寸，在窗台上铺设轨道。

3 将支架安装到轨道上。

4 铺上网格，放置空气凤梨。

点评

现代都市寸土寸金，阳台成了大部分花友们仅有的园艺空间，如何有效地利用阳台空间成了困扰花友的难题。史旭晨花友是空间利用大师，他独创的轨道网格种植法使阳台空间得到有效利用，实现了立体式种植，是空间利用的典范，该方法特别适合小型品种的种植。

2. 沉香的空气凤梨木艺品摆设

空气凤梨木艺作品

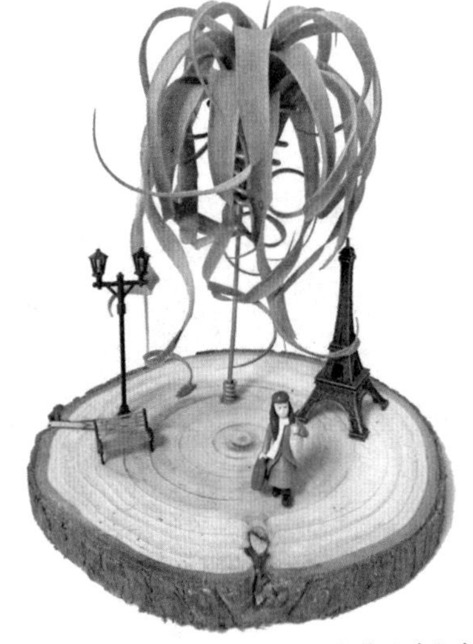

空气凤梨木艺作品

制作步骤

1 准备材料和工具。

2 将已制作好的铝线底座与小配件先粘在圆木上。

3 将小型空气凤梨粘在圆木上，铝线底座上放置体型较大的空气凤梨。

点评

空气凤梨的生长方式使其可以灵活地融入到家居装饰之中。空气凤梨小摆设非常适合家居或者办公室的布置，在享受 DIY 乐趣的同时，也美化了环境。同时，这种新颖的小型摆设也是送给亲朋好友的佳礼。

3. 陆遥的空气凤梨沉木造景

空气凤梨沉木造景

制作步骤

① 准备沉木、空气凤梨和 E6000 胶水。

② 选择合适的位置先粘体型较大的空气凤梨。由于沉木表面不平整，需借助其他物体进行支持（如图中花盆）。

① 大型品种固定好后，点缀小型品种。

② 待胶水凝固，撤去辅助支持物，完成造景。

点评

在原生环境中，绝大部分空气凤梨都附生在树木上。使用沉木与空气凤梨进行搭配，很好地还原了空气凤梨的原生环境，给空气凤梨提供了良好的生长环境。此外，沉木经大自然的雕琢形状各异，减少了单纯铝线和小圆木桩的人工感。

4. 广州花友 baggio- 亮的空气凤梨缸

空气凤梨生态缸

制作步骤

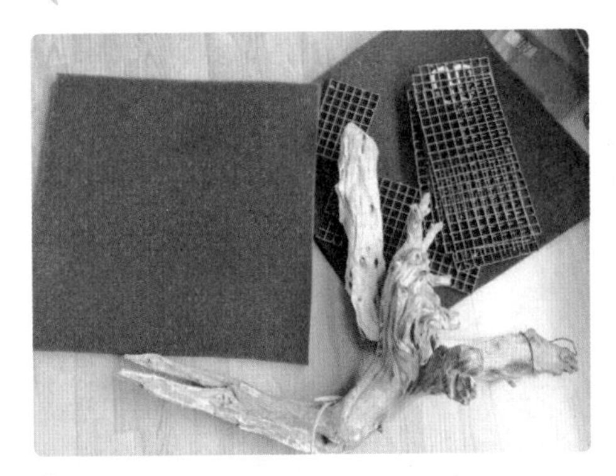

1 拆除爬虫箱正面通风板，准备生化棉、沉木、石块等材料。

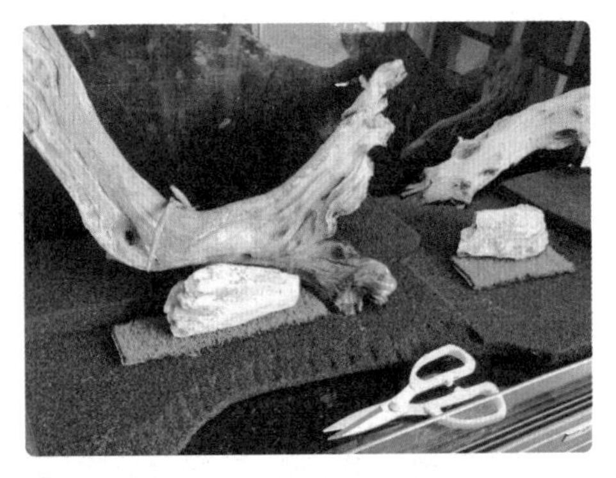

2 缸底铺设生化棉，放置沉木和石块，用剪刀裁剪出地形。

3 放置玩偶和空气凤梨，并进行固定。

点评

该空气凤梨缸由爬虫缸改造而成，种植了多品种的空气凤梨，布置了大量的玩偶。这种布置让空气凤梨缸充满了故事感、童真感和趣味性。缸养空气凤梨需要注意保持良好的通风，注意湿度的控制防止空气凤梨腐烂，还需提供良好的光照，建议新手不要轻易尝试。

5. 上海花友挞挞的空气凤梨造景

空气凤梨造景作品

空气凤梨造景作品

点评

花友挞挞的空气凤梨花器制作技艺精湛，是空气凤梨圈中大家非常熟悉的造景达人。在她的妙手下，冰冷的铝线和坚硬的木头都变成了创意非凡的美丽花器。加上得天独厚的种植环境和高超的种植水平，挞挞的空气凤梨成了一件件精美的艺术品。

6.“水族黄页 - 绿领园空气凤梨造景大赛”获奖作品欣赏

花友春来茶馆的作品《简·爱》

花友木头西施的作品《群凤迎龙》

点评

空气凤梨可以和其他植物互利共生，将空气凤梨运用在植物缸、水陆缸、爬虫缸的造景中，均能产生绝佳效果。“水族黄页论坛”及“绿领园”合作举办了两届空气凤梨造景大赛。大赛吸引了大量的空气凤梨爱好者，产生了许多优秀的作品。我们精选了获奖花友的作品与大家分享，希望他们的作品能给您带来启发。

第六章 空气凤梨品种图鉴

空气凤梨品种繁多，佛罗里达凤梨协会理事会记录的原生种达583种，国际凤梨协会注册园艺种多达585种。目前，仍有大量原生种、杂交种尚未注册登记。同时，每年都还有许多新品种诞生。

由于篇幅有限，笔者精心挑选了一些深受花友喜爱的品种并制作成图谱。原生种按经典品种和精选品种进行介绍，方便花友挑选适宜的品种种植。杂交种和园艺种根据植株的形态、习性按品种群进行介绍。

大部分品种的中文命名采用了目前通用的名称，部分品种以地名或人名命名，尚无中文命名的笔者进行了直译或保留原名。部分品种由花友进行了意译、音译，笔者在中文译名后予以标注。

一、原生种

（一）经典品种

原产于南美洲，叶片狭长、深灰色。花箭淡粉色或者银色，开紫蓝色管状花。有很多变种和园艺品种，如*T. aeranthos* 'Albo-Flora'（白花紫罗兰）、*T. aeranthos* 'Bronze'（铜色紫罗兰）、*T. aeranthos* 'Gray Ghost'（紫罗兰灰幽灵）、*T. aeranthos* 'Mini Purple'（紫罗兰迷你紫）、*T. aeranthos* 'Purple Fan'（紫罗兰紫扇子）等。图中是著名的*T. aeranthos* 'Clone #3'（紫色箭猪），该品种中文名为金主译名。

经典针叶品种，几乎没有茎部，叶片从底座发散，形成可爱的球形。开红色瓣状花，开花时叶尖也会变成红色。需要良好通风，比较怕冷，冬季注意防冻。

来自巴西的长茎型品种，有短而卷曲的绿色叶片。花箭长约 15 厘米，上边有红色苞片。喜欢下垂式丛生。有很多变种，如 *T. araujei* 'Closed Form'（阿朱伊闭合型）、*T. araujei* 'Open Form'（阿朱伊开放型）、*T. araujei* 'Bronze'（阿朱伊青铜）、*T. araujei* 'Purple Star'（阿朱伊紫星）等。

和 *T. duratii*（树猴）有些类似，也是长茎紫色香花品种，但叶片末端没有那么卷曲，需要充足的水分和光照才能长得粗壮，阳光充足的情况下，叶片会呈现亮眼的白色。

T. balbisiana 柳叶

原产于中美洲的低海拔森林。叶片细长，从与球茎形状相似的基部生长出来，犹如柳枝。花箭红色，开紫色花朵。种植简单，适合入门者。

T. brachycaulos 贝可利

原产于墨西哥和中美洲，株型开放，灰绿色叶片，花期变为红色。开蓝色花朵。是一个非常常见的品种，容易养活，适合新手入门。拥有很多园艺品种。

T. bradeana 修女

过去拉丁名为 *T. abdita*，原产于墨西哥低海拔的落叶森林里。外形和 *T. brachycaulos*（贝可利）类似，但是形态上有所差异。植株约 15 到 20 厘米，叶片灰绿、光滑，比较宽，在花期时容易转变为深红色，开蓝紫色管状花。种植简单，适合入门者。

T. bulbosa 章鱼

经典的球茎形态品种，基部膨大，叶片稀疏。花箭有分枝，呈现明艳的红色，开花时植株的上部全都变成红色。易于种植，需要明亮的阳光，不需要全日照，喜水喜肥。拥有很多园艺品种，如超出一般大小的巨型种和非常稀有的开白花的金色章鱼变种。

T. butzii
虎斑

原产于墨西哥和哥斯达黎加。形态和章鱼有点像，但基部没有章鱼那么大，叶片也没那么卷曲。最具特色的是叶片覆盖有斑点状花纹，因此得名虎斑。喜欢阴凉环境，注意通风和遮阳。

T. cacticola
仙人掌

长茎品种，花箭细长，顶端分叉，有着梦幻的紫色或者素雅的白色。叶片稍有肉质感，覆盖有一层鳞片，因此摸上去有些粗糙。不太能忍受长期淋雨，否则叶片容易老化。

T. caput-medusae
美杜莎

经典的球茎形态品种，形态妖娆，叶片卷曲形如蛇发，因此得名美杜莎。叶片质地肥厚，表面覆盖有白色绒毛。花箭分枝，呈明艳的红色，开花时植株的上部全都变成红色。

T. chiapensis
香槟

原产于墨西哥。叶片宽大，有着皮革一般的质感，还覆盖有银色鳞片，有肉质感。平时是银粉色的，发色时会变成紫色。花箭呈粉色棒状，可以保持粉色的色彩长达一年之久。图中为 *T. chiapensis* 'Giant Form'（巨型香槟）。

T. capitata 卡比塔塔

卡比塔塔（简称卡比），拥有非常多的园艺变种。按颜色分有卡比红、卡比橙、卡比桃、卡比黄、卡比紫、卡比银玫瑰，每个品种都像它们的名字那样，在环境适宜或花期时呈现出不同的色彩。也有按产地分的卡比墨西哥、卡比多明戈、卡比洪都拉斯、卡比柔嘉、卡比马龙。不同卡比在形态、大小和颜色上差异很大，而鉴定它们只能从花入手，所有卡比开花时都有塔状的花箭，开明艳的蓝色花朵。

T. capitata 'Peach'
卡比桃

T. capitata 'Roja'
卡比柔加

T. capitata var. *fasiculata*
卡比费西

T. capitata 'Mexican'
卡比墨西哥

T. circinnatoides
象牙玉坠子

原产于墨西哥。基部膨大，叶片坚硬、紧凑而挺拔，叶表的花纹明显。

T. concolor
空可乐

原产于墨西哥，有十分坚硬的黄绿色叶片，在强光下变成红色。花箭是黄绿色的，很光滑，有许多分支，喜欢干燥和日照。

T. cyanea
球拍

经常能在花市见到的品种，叶片狭长，花箭宽扁，非常艳丽，开蓝紫色花。它具有地生的特点，一般被种植在盆里，采用树皮作为植料。在电视剧《仙剑奇侠传》里，被当作道具月灵草。是比较少见的锦化园艺种。

T. disticha
洋葱头

这是一个很有趣的品种，灰绿色的叶片，基部膨大而叶形快速收窄，叶片非常细。花箭是油黄色，开淡黄色花。叶片上覆有鳞片。通过匍匐茎繁殖的，幼株着生在匍匐茎末端。拥有许多园艺变种。该品种中文名为金主译名 。

T. duratii
'Giant Form'
巨型树猴

树猴原产于玻利维亚、巴拉圭和阿根廷，生长在干旱峡谷中的树木上。它属于长茎品种，茎部扭曲，叶片在尖端卷曲并紧紧地扭成一团。花箭通常比较简洁，也可能有一些分枝，开紫色花朵，香气十分浓烈。树猴不用上盆，适合用铝线悬挂种植。

T. duratii
var. saxatilis
多花树猴

T. duratii
'Thick Leaf'
厚叶树猴

T. edithae
赤兔

原产于玻利维亚等地。长茎品种，具有短而宽的三角形银灰色叶片。最引人注目的是它艳红色的花朵，非常美丽。

T. ehlersiana
河豚

原产于墨西哥南部。中等大小，基部周长和网球差不多大。叶片是圆柱形的，挺立而扭曲，覆盖银色鳞片。粉色花箭分叉、形态挺拔。

T. exserta
喷泉

原产于墨西哥，叶片密集、细长，向下弯曲，形如喷泉而得名。有深红色的花箭，开深粉色管状花。

T. extensa
伊坦莎

学名易与 *T. exserta*（喷泉）混淆，叶片容易发色，花箭巨大，分叉非常多，开紫色管状花。中文名为陆遥音译。

T. fasciculata 费西古拉塔

费西古拉塔简称费西，有许多变种。共同的特征是都具有坚硬的灰绿色叶片，株型挺拔，花箭时有分叉，颜色是红色、黄色或者橙色。大部分可以上盆种植。

T. filifolia 绿毛毛

绿色针状叶片，外形与 *T. andreana*（宝石）相近，但叶片稍稀疏。花箭为紫色，开紫色管状花。

T. flexuosa 旋风

大型品种，叶片略有旋转，花箭细长，能长花梗芽。有许多变种和园艺种，最常见的是 *T. flexuosa* var. *vivipara*（木柄旋风）。

T. fuchsii 海胆

原产于墨西哥西南部的半日照森林。整体呈球形，叶片针形银色，花箭细长，呈红色至黄色，开紫色管状花，有多个变种。

T. funkiana
小狐狸尾巴

长茎针叶品种，花序不明显，开细长的红色管状花，花期时叶片尖端会变成红色，容易形成球状群生。

T. gardneri
薄纱

薄纱是一个非常经典的折叶品种，叶片质感虽厚但轻盈，叶表有浓密鳞片，老叶向下反折，花箭玫瑰红色。它喜欢高湿度的生长环境，但不能长期淋雨。

T. globosa
绿薄纱

来自巴西的红花品种。体型浑圆，叶片颜色深，喜欢稍微遮阴而潮湿的环境。

T. hammeri
刷子

针叶品种，叶片密集，花箭较大呈绿色，开紫色管状花。

T. harrisii
哈里斯

来自危地马拉的品种，有厚厚的银色叶片，红色、圆柱形花箭，开紫色管状花。该品种受《濒危野生动植物种国际贸易公约》保护，在自然界很稀有，但是人工种植广泛，是花市中常见品种之一，很容易种植，适合初学者。

T. heteromorpha
大狐狸尾巴

长茎型针叶品种，外形和 *T. funkiana*（小狐狸尾巴）类似，但叶片更厚且短，体型更大。另外该品种开花与小狐狸尾巴完全不同，有淡粉色的短粗花序，开淡紫色至白色的管状花。

T. hondurensis
洪都拉斯

易于种植，银色叶片，质感柔软而厚实，开花时叶片可呈现淡紫色，开紫色管状花。

T. intermedia
花中花

长花梗芽的经典品种。原产于墨西哥，花箭细长，开深粉色管状花，花期后会在花箭上长出侧芽，由此得名。它有坚硬的灰色叶片，尖端卷曲，有着壶腹般的基部。

T. ionantha 精灵

精灵可能是最被大家熟知的空气凤梨品种，却也可能是最难以被全面认识的空气凤梨品种，这是因为精灵品种群拥有太多的成员。花友 fuwa 曾经总结过，精灵品种群有 5 个原生品种，分别是 T. ionantha var. ionantha（精灵原始种）、*T. ionantha* var. *stricta*（束花精灵）、*T. ionantha* var. *maxima*（大精灵，曾被称作 *T.* 'Huamelula'）、*T. ionantha* var. *van-hyningii*（万汉精灵）和 *T. ionantha* var. *stricta* f. *fastigiata*（束花精灵变种）。有 15 个以上园艺变种，包括福果精灵、斑马精灵、全红精灵、高天鹅精灵、墨西哥精灵、玫瑰精灵、桃红精灵、德鲁伊精灵、球头精灵、AP 精灵、手雷精灵、胖男孩精灵、狂欢节精灵……还有更多的杂交品种，要准确鉴定品种十分困难。所有精灵的共同特点是都有密集的三角形截面叶片，开紫色或白色管状花。

T. ionantha var. ionantha 精灵原始种

T. ionantha var. maxima 大精灵

T. ionantha var. van-hyningii 万汉精灵

原产于洪都拉斯海边阔叶林中，体型不大，高约 10 厘米，叶片为银灰色，花箭为红色。该品种为《濒危野生动植物种国际贸易公约》保护品种，市场上流通的为人工繁殖的植株。

微型品种，常被称为“K 烧麦”。有着核桃般的外形。成株约 5 厘米高，叶片银白呈现金属光泽。花箭呈现深玫瑰红色，花朵也是一样的颜色。1973 年由 Roberto Kautsky 在巴西发现。原生在半遮阴环境，人工种植要注意遮阴。图中为巨型 K 烧麦，该型由金主译名为“天丸”。

T. latifolia
毒药

长茎型品种，叶片坚硬，银色反光，花箭光滑呈橙色，可以接受全日照。有很多园艺变种，最大的巨型变种可高达数米。

T. loliacea
小萝莉

微型品种，叶片密集，花梗细长，开黄色花朵。该品种中文名由陆遥译名。

T. mauryana
莫里

小型品种，银色叶片，形态密集，容易反折下垂。花箭为红色，开绿色管状花。该品种为《濒危野生动植物种国际贸易公约》保护品种，市场上流通的为人工繁殖的植株。

T. mitlaensis
子弹

银叶品种，锥形叶片，形态紧凑，质地厚实，花箭为粉红色，开深粉色的管状花。该品种种植简单，易于群生。

T. novakii
卤肉

原产于墨西哥东部。大型长茎品种，茎部长度可超过60厘米，叶片坚硬而多肉，容易变成红色。花梗玫瑰红色，有多个银绿色分叉，开紫色管状花。

T. paucifolia
红女王

原产于中美洲。外形与*T. circinnatoides*（象牙玉坠子）相似，但叶片较后者光滑，无明显的纹路。有着球茎状的基部，花箭浅绿色至粉色，开紫色管状花。

T. pruinosa
普鲁士犀牛角

广泛分布的小型品种，古巴、墨西哥、厄瓜多尔及巴西都可以见到它的踪迹。有短而胖的球茎，叶片覆盖有鳞片，看起来就像一只小拳头。花箭呈粉红色，有时变成深粉红色，或者保持银绿色。

T. punctulata
细红果

经典黑屁股品种，原产于墨西哥和中美洲的湿地。有光滑的绿色叶片，深到黑色的球茎。花箭膨大，橙色的苞片，十分华丽。上板或者上盆种植都生长良好。注意保持湿润，并遮阴。

T. recurvifolia
红花白银

形态有点像多国，但叶片质感坚硬，且覆盖有一层银白色绒毛。花箭为粉红色，开白色管状花。它的杂交品种 *T.* 'Cotton Candy '（棉花糖，*T. stricta* × *T. recurvifolia* 多国 × 红花白银）是花市最常见的空气凤梨品种之一。

T. reichenbachii
矮树猴

和 *T. duratii*（树猴）有点类似，长茎品种，开紫色或白色花，有香气。由于体型较小，所以中文名被翻译成矮树猴。

T. rotundanta
肉疼蛋挞

原产于美国中南部。叶片狭窄而挺拔，叶表覆有银色鳞片，花箭呈橘红色球状，有分叉，开紫色管状花。中文名为陆遥音译。

T. seleriana
犀牛角

壶状基部，整体形态神似犀牛角而得名，叶片表面覆盖有银色鳞片。在原生状态下蚂蚁会栖息在叶片之间，因此也被称作是蚁栖品种。由于容易积水，最好斜着或倒挂种植，注意保持良好的通风。

T. sprengeliana
斯普雷杰狄氏凤梨

微型品种，常被称为“S烧麦”。形态非常有意思的品种，就像一个小鹌鹑蛋，开红色花，是巴西“红花品种群”中的一员，注意不能暴晒。

T. somnians
索姆

来自厄瓜多尔和秘鲁。叶片柔软而有韧性。植株有绿色也有红色。侧芽既能生于基部，也能长于花梗之上。

T. straminea
彗星

原产秘鲁的长茎型品种，银色叶片，花梗细长，开紫色的大花。不容易长根，适合悬挂种植。有很多园艺变种。

T. streptocarpa
电卷棒

原产于秘鲁和巴西的长茎品种，和树猴在形态上有点类似，名字易与 *T. streptophylla*（电卷）混淆。有着狭窄、扭曲的银色叶片，花梗细长，时有分叉，开满芳香的蓝色花朵。有几个园艺品种。

T. streptophylla
电卷

最受大家欢迎的空气凤梨品种之一，形如其名，只要几天不给水，它的叶片就会形成卷曲的形态。有着膨大的基底部，容易积水，栽种时要注意通风，夏季注意适当遮阳。

T. stricta
多国

多国是空气凤梨中最像杂草的品种。有许多的园艺品种，在叶片质感上差异很大，但形态上都差不多，基本都是开放型，密集的细长叶片，粉红色花箭和蓝色管状花。

T. tectorum
鸡毛掸子

拥有不同于其他空气凤梨的形态，细长叶片，上边覆盖非常浓密的银白色绒毛，在原产地可以当作雪花装饰圣诞树。

T. usuneoides
松萝

也叫老头须或西班牙莫斯，在形态上和中国原产的地衣类松萝有点相似。叶片细长而柔软，覆有银色毛簇，开绿色瓣状花，有香气。

T. utriculata
银兀鹫

原产哥斯达黎加、墨西哥、委内瑞拉等地，体型巨大，叶展可达 1 米，花箭可高达 1 米，开黄色花。

T. vernicosa
维尼戈莎

原产于玻利维亚和阿根廷，体型约 10 ~ 20 厘米，叶片坚硬尖锐，花箭为红色，开白色花。

T. xerographica
霸王

原产于危地马拉。株型大而开放，叶片宽大，向后弯曲，有帅气的黄色花箭。叶片长长后会产生卷曲。这是一个受《濒危野生动植物种国际贸易公约》保护的品种，市面上有大量人工繁殖的植株可以购买，也是花市中最常见的空气凤梨品种之一。

T. xiphioides
媳妇

长茎型品种，有很多变种，花朵可能是白色、黄色或者紫色的，相同点是叶片都覆盖有白色绒毛，而且开花都有香气。

（二）精选品种

T. arequitae
初恋

罕见的折叶品种，叶片厚实，表面覆有鳞片，花序细长，开白色瓣状大花，有香味。有学者认为其是 *T. xiphides*（媳妇）的一个变种。

T. atenangoensis
白绒

原产于墨西哥，叶片布满鳞片，有白色绒布的感觉，因此得名。花箭细长分叉，为黄色。该品种中文名为金主译名 。

T. barthlottii
彩虹

原产厄瓜多尔、秘鲁。花箭色彩丰富，形态下垂，非常吸引人。该品种中文名为金主译名 。

T. bermejoensis
红嘴鹦哥

银叶品种，成株叶片下折，花梗细长，顶端的花苞片膨大，看起来就像鹦鹉的红色鸟喙，开白色瓣状花。很容易养护。 中文名为金主译名。

T. biflora
血钻

原产玻利维亚、哥伦比亚等地。属于积水型空气凤梨，有着非常美丽的红色斑点，喜欢冷凉的环境，但保持色彩又需要光照，种植难度较大。有绿色变种。该品种中文名为金主译名。

T. boqueronensis
小山羊

原产于墨西哥，花箭红色，开绿色花，曾被认为是 *T. atroviridipetala*（毛毛球）的变种。相对于 *T. atroviridipetala*（毛毛球）向四周展开的形态，*T. boqueronensis*（小山羊）会向一个方向弯曲。适宜干燥的环境。该品种中文名为金主译名。

T. brenneri
血雨

原产于厄瓜多尔，属于积水型空气凤梨，绿底红斑，和 *T. biflora*（血钻）一样，都需要冷凉但有日照的环境。该品种中文名为金主译名。

T. buchlohii
变色龙

原产于巴拉圭，属于大型长茎品种。在不同的光照条件下会呈现出不同的色彩，因此得名。光照良好时会变成玫瑰红色的叶子。叶片质感坚硬。该品种中文名为金主译名。

T. carminea
卡米娜

小型银叶品种，叶片密集，通常为开放形态，花箭为红色，开蓝紫色管状花。另有一种株型非常罕有，呈现球状，花友们习惯将这种形态的卡米娜叫做“蛋卡”。该品种还有开粉色管状花的变种 *T. carminea* 'Dennis'（‘丹尼斯’卡米娜 ）。

T. carrilloi
柏金

原产于危地马拉。最突出的特点是叶片的质感厚而肉质，还有细小的脉络状花纹，摸上去有一种高级皮革的感觉，花箭为粉色棒状，开紫色管状花。

T. comitanensis
肯米坦尼斯

巨型品种，叶片坚硬，非常有质感，花箭很长，有麦穗状绿色花序，开白色管状花。中文名为陆遥音译。

T. complanata
仙女散花

空气凤梨众多品种中唯一在开花后母株不会衰败，而是持续生长的品种。它的花箭数量很多，从叶片之间抽出，而不是从叶芯中抽出，四处飘散，就像仙女散花一般优雅，开红色瓣状花。该品种中文名为金主译名。

T. compressa
肯普萨

原产于墨西哥、牙买加，大型银色系空气凤梨品种。叶片密集，坚硬锐利，花箭硕大分叉，呈鲜艳的黄色至红色。中文名为陆遥音译。

T. dasyliriifolia
'Yucatan Form' 玉瓶

原产于墨西哥的大型品种。基部略有膨起，能长得很高，由形态而得名玉瓶。易于发色，也易于种植。该品种中文名为金主译名 。

T. diguetii
小电卷

罕见的小型品种，来自墨西哥中部沿海地带。看上去很像电卷的实生株，尤其是它壶状的基部和卷曲的带形叶片。与电卷的区别在于它开花时没有花梗。在人工栽培环境下，这一品种的基部会不那么大，而且叶片会更为狭窄且不那么卷曲。也许给它们一个更加“严酷”的环境会使得它们更加接近野生的形态。

T. dyeriana
黛安娜

属于积水型空气凤梨，最为著名的特点是它的花非常美丽，花箭弯曲下垂，呈鲜艳的橘红色，开白色的花朵，十分引人注目。植株底部有着散布的斑点，适合上盆种植。

T. flagellata
舞娘

叶片飘逸，微风吹过时会随风起舞，因而得名。红色花箭，开紫色管状花。喜欢潮湿，适合盆栽。该品种中文名为金主译名。

T. grandis
古代帝王

著名的巨型品种，是体型最大的空气凤梨品种之一，分布于墨西哥、危地马拉、洪都拉斯。花箭巨大，可高达 2 米以上，开浅绿色花。图中为该品种幼苗。

T. grandispica
小鸵鸟

小型品种，叶片密集形成可爱的一团。叶片有银白色鳞片。花箭为红色，开绿色管状花。该品种中文名为金主译名。

T. guelzii
白雪公主

银叶品种，叶片浓密，花箭呈粉色，开白色的花朵。中文名为金主译名。此外，它还有一个有趣的音译名字“鸡贼”，由花友 fuwa 音译。

T. hasei

佛手

原产于玻利维亚的小型品种，叶片密集，向同一方向弯曲，犹如手掌一样，花箭红色，开红色管状花。该品种中文名为金主译名 。

T. hildae

斑马

大型品种，为数不多的叶片带有条纹的空气凤梨品种之一。叶片底色从绿色到巧克力色都有，叶片上有银色的条纹。绿色花序十分巨大，分叉很多如同树枝。原生于秘鲁北部悬崖和峡谷地带的岩石之上，生长十分缓慢。叶片的质感坚硬、厚实。适合上盆种植。

T. huarazensis

瓦拉斯

著名的宽叶品种，叶片有皮革质感，容易发色。花箭硕大呈球状，为鲜艳的红色，开粉色的花朵。

T. mazatlanensis

马扎兰尼斯

原产于墨西哥，形态开放，叶片易于发色。花箭为浅绿色至淡粉色，开紫色管状花。中文名为陆遥音译。

T. kirchhoffiana
基尔霍菲安娜

形态挺拔，绿色叶片，该品种基部是黑色的，花箭为红色，开紫色管状花。中文名为陆遥音译。

T. krukoffiana
紫檀

体型最大的空气凤梨品种之一，植株直径可达1米甚至更大，叶片宽而浓密，呈现紫色的色调，表面覆盖有一层银色的毛簇，尤其是在幼体时毛簇更为明显。当成为成株之后，它的叶片正面是绿色的，而背面是紫色的。花箭很高，上有长长的分叉，呈现淡粉色，开蓝色花朵。该品种中文名为金主译名 。

T. lampropoda
烂破破哒

黑屁股品种之一。叶片银白，基部是黑色的。花箭为红色至黄色，开黄色的管状花。中文名由陆遥音译。

T. lautneri
洛特纳

大型品种，叶片容易上色，颜色深红，花期时会转变为橙色，花箭巨大下垂，为鲜艳的红色，开蓝紫色管状花。中文名为陆遥音译。

T. leucolepis
白磷

罕见品种，叶片有斑马纹，但比 *T. hildae*（斑马）的斑纹更宽大，花序分叉呈浅黄色，开紫色管状花。该品种适合上盆种植，生长非常缓慢。

T. lotteae
裸体

与 *T. xiphides*（媳妇）有亲缘关系的品种，体型稍大，叶片少而坚硬，花箭是黄色的，花朵也是黄色的，但与 *T. xiphides*（媳妇）不同，并不芳香。原产于玻利维亚中部，可接受全日照，在冬天要注意控水。

T. makoyana
马可亚娜

基部略呈球茎状，最突出的特点是叶片表面有密集的条状花纹，质感很厚实。花箭很长，呈麦穗状，开紫色管状花。该品种中文名为金主音译。

T. mateoensis
流星

原产于危地马拉，叶片宽大，呈淡绿色。红色的花箭细长并下垂，末端膨大成球状，如流星坠落一般。

T. mirabilis
奇迹

叶片宽大的银叶品种，花箭很大、分叉多，呈淡粉色 。中文名字来源于它的学名拉丁文词义，可见它的稀有和美丽。

T. mooreana
莫利安娜

原产于墨西哥，积水型空气凤梨。叶片绿色。花序非常壮观，具有很多分叉，颜色呈鲜艳的红色或橙色，开紫色花。中文名为陆遥音译。

T. occulta
小喷泉

这品种来自墨西哥。叶形针状，叶片向下弯曲，覆有鳞片，形态类似小型的*T. exserta*(喷泉)。花箭的长度和叶片差不多，有多个分叉，开紫色管状花。该品种中文名为金主译名。

T. organensis
奥格尼斯

巴西“红花品种群”的一员。相比它小巧的体型，它的花箭显得非常巨大，呈红色球状，开鲜艳的红色花朵。相比品种群其他成员，它叶片的颜色更为银白。中文名为陆遥音译。

T. paraensis

帕拉斯

原产于巴西热带雨林地区。叶片有斑纹，形态优美。该品种怕冷、怕干，种植不易。

T. oerstediana

白皇冠

原产于哥斯达黎加稀疏的森林山坡地带，花期时在山谷蔓延很远都可以见到它的踪影。不幸的是，由于森林被砍伐，这一品种在野外变得日渐稀有。成株开花时耀眼夺目，光华四射，金字塔般的鲜黄色花箭能达到 1 米高，美丽的色彩能持续 1 年之久。最好用疏水介质上盆种植。

T. parryi

帕伊

巨型宽叶品种，在原产地多生长于悬崖峭壁之上。花箭非常巨大，分叉众多，为粉色，开紫色管状花。中文名为陆遥音译。

T. pedicellata

绿珊瑚

微型品种，叶片密集，由形态而得名。该品种花色非常特别，颜色很深，接近黑色。该品种中文名为金主译名 。

T. peiranoi
小海螺

叶片有肉质感，表面有明显的花纹，花箭很长，开紫色花，另有开白花的变种。该品种中文名为金主译名。

T. penascoensis
小绵羊

叶片密集，表面覆有细小绒毛，花箭为红色，喜欢干燥通风的冷凉环境，不易种植。该品种中文名为金主译名。

T. pomacochae
珀玛可卡

原产秘鲁的宽叶品种，叶片有金属光泽。花箭非常壮观，有许多分叉，开紫色管状花。中文名为陆遥音译。

T. praschekii
贵族小精灵

来自古巴的小型品种。植株大小接近一个大号的精灵。叶片有点软，叶上覆有较多鳞片，易于发色，开紫色的管状花。该品种中文名为金主译名 。

T. prodigiosa
珀迪吉萨

原产于墨西哥，属于高地品种，需要冷凉的环境，种植难度很高。花箭非常长并向下垂，有许多分叉，苞片为粉红色非常美丽，与 *T. eizii* 的花箭非常相似。中文名为陆遥音译。

T. raackii
瑞奇

大型宽叶品种，叶片易于发色，呈深红色，花箭多头、短粗，呈黄绿色，该品种适合上盆种植。中文名为陆遥音译。

T. rhodocephala
红头

来自墨西哥的巨型种空气凤梨。从外表看，很像是某种大型的卡比，有许多系带般的叶片，优雅的卷曲着。它的花箭是红色的，正如它的名字一般，在墨西哥语里是“红头”的意思。但是，在人工养殖的条件下，由于环境更热、更潮湿、也更阴蔽，它的色彩通常不会那么出众。中文名由大毛译名。

T. roezlii
霉菜

著名的斑叶品种，在光线和气温都适合的情况下，叶表会出现奇特的褐色斑纹，如同发霉一般，被花友戏称为“霉菜” 。

T. winkleri
小红花

和 *T. aeranthos*（紫罗兰）相似，株型更大更加开放，叶片更宽更硬，容易发色为红色。花箭有点下垂，而且比植株略高，上边有玫红色而尖部是白色的苞片，开天蓝色的花朵。原产于巴西。易于丛生的品种，相对耐寒。该品种中文名为金主译名 。

T. zacapanensi
傻大白

2010 年在危地马拉发现的新品种。外形和我们所熟知的霸王空气凤梨接近，有着类似的叶片、形态和尺寸。然而它的花箭与霸王有很大区别，粉色花苞，紫罗兰色花朵。和大多数银叶品种一样，喜欢明亮的光线和良好的空气流通。该品种中文名为陆遥译名。

T. tomasellii
托姆

原产于危地马拉和墨西哥。在国际凤梨协会的注册名录中，并不存在托姆这个品种。因为它已经和霸王合并了。尽管它和典型的霸王几乎没有相似之处。这个品种更接近于费西古拉塔的外形，有着类似的基本形状，狭窄的银色叶片。

T. subulifera
超级旋风钻头

原产地广泛分布于南美洲北部地区，通常生长在低纬度地区的海边灌木丛中，那里日照强烈，气候炎热。株型扭曲而紧凑，绿色的叶片厚而具有肉质感，上边长有银色的毛簇， 排列有序，形成条带状的花纹。红色的花箭形态简洁，开黄色花朵。在自然条件下，通常不会直立生长，大概是因为它们的叶心十分紧凑，需要避免积水。该品种中文名为金主译名 。

T. roland-gosselinii 罗兰

原产于墨西哥。生长于海边树林的顶部。强光照射下会呈现橙红色，花梗是黄色的。属于比较怕冷的品种。

T. tenebra 甜不辣

微型品种，叶片对生，有肉质感。名字来源于音译。

T. rothii 柔婷

原生于墨西哥中南部。宽大的黄绿色叶片组成的完美球形株型。花梗上有很多淡黄色到红色的分叉。非常艳丽而且花期很长。属于怕冷的品种。

T. roseoscapa 肉丝卡帕

原产于墨西哥，原生地在沙漠岩石之上。长茎巨型品种，有着非常宽硬的银色叶片。花梗细长，有着玫瑰红的色彩。中文名由陆遥音译。

T. trigalensis 黑肚凤尾

黑屁股品种之一，基部很大，适合上盆种植。有点怕冷，种植环境温度不低于 10 度。中文名为金主译名。

T. ulrici 有肉吃

大型品种，叶片质感厚实，光照良好下呈深紫色，表面有不明显的斑纹。花箭硕大分叉，呈黄色，开紫色管状花。该品种种植容易，但生长非常缓慢。中文名为陆遥译名。

（三）其他属品种

凤梨科其他属的部分品种过去曾归在铁兰属中，由于其特征及种植特性与空气凤梨有一定的相似性，笔者在此也为花友介绍一些市面上可以购买到的其他属品种。

Racinaea crispa
红色玉米头

它原产于巴拿马到秘鲁之间的凉爽湿润山地森林地带。小型品种，约 15 厘米高，有着球茎状的基部和扭曲纠结的叶片。叶片上有深色的斑纹，有时候也会呈现出接近黑色的颜色，花箭是黄色的。能长出很多侧芽。喜欢冷凉，需要使用比较纯净的水进行浇灌。中文名为金主译名。

Racineae miniata
旋点玉米头

形态敦实，基部深色，叶片上有很密集的棕色斑点。喜欢凉爽的环境，需要使用比较纯净的水进行浇灌。中文名为金主译名。

Racinaea dielsii
红竹笋

形态挺拔，叶片扭曲而紧凑，基部颜色较深，而叶尖绿色，中间呈现色彩的过渡。中文名为金主译名。

Racinaea seemanii
微型炸弹

形态敦实，基部深色，叶片上有斑点。适合上盆种植，喜欢凉爽的环境，需要使用比较纯净的水进行浇灌。中文名为金主译名。

Racinaea undulifolia
旋叶玉米头

形态修长而挺拔，基部深色，叶片旋转紧凑，花箭红色，苞片也是红色的，非常喜庆。喜欢凉爽的环境，需要使用比较纯净的水进行浇灌。中文名为金主译名。

Vriesea espinosae
血滴子

原产于厄瓜多尔。巨型品种，十分稀有。叶片茂密，呈现美丽的银色，鲜红色花箭，开蓝紫色花朵。巨型种的血滴子的直径能够达到30厘米，生于其上的匍匐茎能长达20厘米。尽管这一品种目前被认定属于*Vriesea*属，但在绝大多数方面和典型的铁兰属空气凤梨品种没有区别。种植方法和光照要求和大多数铁兰属空气凤梨差不多。

Vriesea racinae
小V

一个来自巴西的小型品种，成株约10厘米高，是*Vriesea*属中最小最可爱的品种之一。它的叶片卷曲下翻，整体呈现绿色，有红色斑点。该品种中文名为金主译名 。

三、杂交种与园艺种

（一）杂交种与品种群

霸王（*T. xerographica*）品种群

霸王品种群植株体型巨大，正如其名。多为银叶种，叶片质感较硬，开花时花序壮丽。栽种方法类似于霸王，冬季低温时应注意做好防冻措施。

T. 'Crowning Glory'
荣耀圣冠

T. xerographica × *T. exserta*（霸王 × 喷泉），Paul Isley 培育，陆遥译名。

T. 'Silver Queen'
银皇后

T. jalisco-monticola × *T. xerographica*（红杉 × 霸王），John Arden 培育。

未注册

T. xerographica × T. streptophylla（霸王 × 电卷）。

T. 'Best In Class'
倾国

T. xerographica × *T. rothii*（霸王 × 柔婷），Paul Isley 培育，花友翟怡然译名。

T. 'Upper Class'
倾城

T. rothii × T. xerographica（柔婷 × 霸王），Paul Isley 培育，花友翟怡然译名。

T. concolor × *T. xerographica*（空可乐 × 霸王），Paul Isley 培育，陆遥译名。

T. xerographica × *T. concolor*（霸王 × 空可乐），Paul Isley 培育。

T. xerographica × *T. fasciculata*（霸王 × 费西）。

T. 'Tropiflora' × *T. xerographica*（热带 × 霸王）。

T. 'Rio Hondo' × *T. xerographica*（里奥翁多 × 霸王）。

T. xerographica × *T.* 'Marron'（霸王 × 卡比马龙）。

T. capitata 'Silver Rose' × *T. xerographica*（卡比银玫瑰 × 霸王）。

T. streptophylla × *T. xerographica*（电卷X霸王）。早期的“卷霸”，经考证应为 *T. streptophylla* × *T. capitata*（电卷 × 卡比）。

T. ehlersiana × *T. xerographica*（河豚 × 霸王）。

T. xerographica × *T. roseoscapa*（霸王 × 肉丝卡帕）。

T. xerographica × *T. paucifolia*（霸王 × 红女王）。

T. 'Wisdomiana' × *T. jalisco-monticoloa*（Wisdomiana × 红杉）。

T. xerographica × *T. brachycaulos*（霸王 × 贝可利），Paul Isley 培育。

T. 'Betty' × T. xerographica（贝蒂 × 霸王），Paul Isley 培育。

T. xerographica × *T. chiapensis* 'Multibract'（霸王 × 多苞片香槟），泰国培育。

T. chiapensis × *T. xerographica*（香槟 × 霸王），John Arden 培育。

母本为霸王，父本不明。Kosit Kaewkangwal 注册，金主译名。

T. xerographica × *T. capitata Crested*【霸王 × 卡比（缀化）】。

贝可利（*T. brachycaulos*）品种群

贝可利是常见的杂交父母本，品种群体型中等，形态优美，多为绿叶种，开典型的紫色管状花，栽种非常容易。

T. 'Guy Wrinkle'

T. brachycaulos 'Supreme' × *T. abdita*（超级贝可利 × 修女），Paul Isley 培育。

T. 'Success Story'
成功故事

T. brachycaulos × *T. pruinosa*（贝可利 × 普鲁士犀牛角）。

T. 'Barry Landau'

T. balbisiana × *T. brachycaulos*（柳叶 × 贝可利）。

T. 'Heather's Blush'
红颜

T. brachycaulos × *T. exserta*（贝可利 × 喷泉），W. Timm 注册，花友 fuwa 译名。

树猴（*T. duratii*）品种群

深受花友喜爱的树猴品种群，植株体型较大，形态为长茎型，叶片狭长，开花时花序类似树猴，多为紫色的苞片和花瓣，带有淡淡清香。

T. 'Goomong'
卷毛兽

T. duratii × *T. stricta*（多国 × 树猴），M. Paterson 培育，金主译名。

T. 'Lilac Spire'

T. stricta × *T. duratii*（树猴 × 多国），Mark A. Dimmitt 培育。

T. 'Imbroglio'
巨兽

T. duratii var *saxatilis* × *T. stricta*（多花树猴 × 多国），Mark A. Dimmitt 培育，Dennis Cathcart 注册。

T. recurvifolia × *T. durati*（红花白银×树猴）。

T. duratii × *T. recurvifolia*（树猴×红花白银）。

T. tectorum × *T. duratii* var *saxatilis*（鸡毛掸子×多花树猴），Mark A. Dimmitt 培育，Paul Isley 注册。

T. ixioides × *T. duratii*（黄水晶×树猴）。

T. duratii × *T. latifolia*（树猴 × 毒药）。

T. straminea × *T. duratii*（彗星 × 树猴）。

T. duratii × *T. purpurea*（树猴 × 沙漠之星），Paul Isley 培育。

T. duratii × *T. gardneri*（树猴 × 薄纱）（折叶型），Mark A. Dimmit 培育，Ian Liaw 注册。

T. 'Don Malarkey'

T. duratii × *T. gardneri*（树猴 × 薄纱）（开放型），Paul Isley 培育。

T. 'Charles McStravik'

T. arequitae × *T. duratii*（初恋 × 树猴），Paul Isley 培育。

T. 'Spikes Galore'

T. duratii × *T. didisticha*（树猴 × 迪迪斯）。

未注册

T. aeranthos × *T. duratii*（紫罗兰 × 树猴）。

T. 'Nugget'
金砖

T. crocata × *T.duratii*（可可他 × 树猴），开黄色花。

T. 'Wonga'
澳洲鸽

T. mallemontii × *T. duratii*（篮花松萝 × 树猴），M. Paterson 培育。

费西古拉塔（*T. fasciculata*）品种群

费西古拉塔（简称费西）品种群植株体型巨大，叶片质硬，狭长尖锐。栽种容易，但要注意安全，谨防刺伤。

T. 'Tropicalflora'
热带

疑为费西和 *T. compressa* 的自然杂交种，Dennis Cathcart 注册。

T. fasciculata 'Hondurensis'
'洪都拉斯'费西

常被简称为费洪，该品种可谓是费西中异类，叶片质感类似 *T. chiapensis*（香槟），非常银白和厚实，表面附有致密的鳞片。

T. 'Pachara Rosy Charm'

T. roland-gosselini × *T.* 'Tropicalflora'（罗兰 X 热带），Pachara Ochid 公司培育。

T. 'Miami Nice'
火凤凰

T. capitata × *T. fasciculata* 'Magnificent'（卡比 ×'壮丽'费西），金主译名。该图左侧为 *T.* 'Love knot'（爱情结）。

T. 'Fascination'
迷恋

T. fasciculata × *T. polystachia*（费西 × 波利），Dennis Cathcart 注册，陆遥译名。

T. 'Enchanted'
着魔

T. fasciculata × *T. flagellata*（费西 × 舞娘），C. Skotak 培育，Dennis Cathcart 注册，陆遥译名。

未注册

T. fasciculata × *T. schiedeana*（费西 × 琥珀）。

T. 'Classic Rouge'
胭脂

T. fasciculata × *T. flabellata* 'Giant Red'（费西 × 巨型红火焰）。

T. 'Maria Teresa L'

T. brachycaulos × *T. fasciculate*（贝可利 × 费西），Louis Ariza Julia 培育。

T. 'Serval'
山猫

T. fasciculata × *T. capitata*（费西 × 卡比），Bill Timm 培育。

T. 'Yellow Brick Road'
黄砖路

T. butzii × *T. fasciculata*（虎斑 × 费西），Paul Isley 培育。

未注册

T. exserta × *T. fasciculata*（喷泉 × 费西）。

T. 'Big Whopper'
巨无霸

T. fasciculata × *T. caput-medusae*（费西 × 美杜莎），陆遥译名。

T. 'Gladiator'
格斗士

T. caput-medusae × *T. fasciculata*（美杜莎 × 费西）。

T. 'Lineatispica'
(clone #2)

T. utriculata × *T. fasciculata*（银兀鹫 × 费西）。

T. fasciculata
'Yellow and Purple'
'黄紫'费西

T. × smalliana
'Giant Form'

T. fasciculata var. *densispica* × *T. balbisiana*（费西 *T. densispica* 变种 × 柳叶）。

T. 'Celery Stalk'
芹菜梗

T. fasciculata × *T. seleriana*（费西 × 犀牛角）。

卡比塔塔（*T. capitata*）品种群

卡比塔塔（卡比）品种群体型较大，叶片宽厚质硬，花序颜色多样，多呈塔状。栽种简单，部分品种冬季注意防寒。

T. capitata 'Red'
卡比红

T. capitata 'Rubra'
卡比全红

T. capitata 'Yellow'
卡比黄

T. capitata 'Orange'
卡比橙

T. 'Marron'
卡比马龙

T. capitata 'Salmon'
卡比鲑

T. 'Bacchus'
埃及艳后

T. capitata × *T. flabellata*（卡比 × 舞娘），W. Timm 注册，金主译名。

T. 'Love knot'
爱情结

T. capitata × *T. streptophylla*（卡比 × 电卷），Dennis Cathcart 注册。著名杂交种，植株终年红色。

T. 'Twisted Tim'
旋转提姆

T. intermedia × *T. capitata*（花中花 × 卡比）。

T. 'Roland Red Cap'
罗兰小红帽

T. rolland-gosselini × *T. capitata* 'Red'（罗兰 × 卡比红），Bill Till 培育。

T. capitata 'Mauve Giant'
卡比淡紫巨型种

T. 'Cherry Cordial'
樱桃酒

T. capitata var. *domingensis* × *T. dasyliriifolia*（卡比多明戈 × 火箭），Bill Timm 注册。

T. 'Red Fountain'
红喷泉

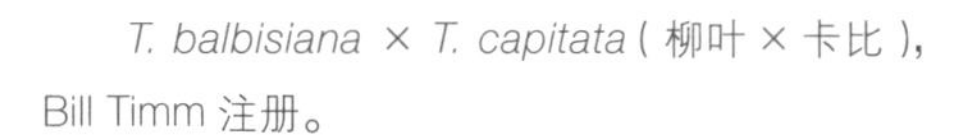

T. balbisiana × *T. capitata*（柳叶 × 卡比），Bill Timm 注册。

T. capitata var. *balbisiana* Variegated
卡比柳叶锦

T. capitata 'Red' × *T. jalisco-monticola*（卡比红 × 红杉）。

T. capitata 'Red From' × *T. streptophylla*（'红色型'卡比 × 电卷），Steve Correale 培育。

T. polystachia × *T. capitata*（波利 × 卡比），Steve Correale 培育，Dennis Cathcart 注册。

T. rotundata × *T. capitata*（肉疼蛋挞 × 卡比），Dennis Cathcart 注册，陆遥译名。

T. capitata 'Yellow' × *T. novakii*（卡比黄 × 卤肉）。

T. capitata × *T. harrisii*（卡比塔塔 × 哈里斯），W. Timm 注册。

T. 'Rio Hondo'
里奥翁多

卡比塔塔的其中一型。

T. 'Naranja'

由 Steve Correale 收集的一种卡比。

T. 'Maya Red Cap'
红玛雅

T. 'Rio Hondo' × *T.* capitata 'Red'（里奥翁多 × 卡比红），W. Timm 培育。

T. capitata var. *domingensis*
卡比多明戈

光照强度足够时，终年发紫红色的小型品种，属卡比品种群中比较怕冷的品种，冬天 10 度以下注意控水。

未注册

T. xerographica × *T. capitata*（霸王 × 卡比）自然杂交种，过去被注册为 *T.* 'Maya'（玛雅）。

T. 'Domingo'
夺命哥

T. capitata var. *domingensis* × *T.* 'Casallena'（卡比多明戈 × 橘子焦糖），陆遥译名。

T. capitata × *T. extensa*（卡比 × 伊坦莎），Steve Correale 培育，Dennis Cathcart 注册。

T. baileyi × *T.* 'Maroon'（贝利艺 × 马龙卡比）。

T. jalisco-monticola × *T. capitata* 'Rubra'（红杉 × 全红卡比），John Arden 培育，W. Timm 注册。

美杜莎（*T. caput-medusae*）品种群

美杜莎品种群植株体型中等，形态妖娆。植株基部呈壶腹状，叶片内卷，质感柔软，表面覆有较密的鳞片。

T. 'Nice Enough'
足够好

T. caput-medusae × *T. balbisiana*（美杜莎 × 柳叶）。

T. 'Cheryl'
谢丽尔

T. caput-medusae × *T. capitata* 'Peach'（美杜莎 × 卡比桃），Paul Isley 培育。

T. 'Tillandsia Hydra'
九头蛇

T. caput-medusae 'Large Form' *Crested*（大型美杜莎缀化），Andy Tan 培育。

T. caput-medusae × *T. exserta*（美杜莎 × 喷泉），Paul Isley 培育。

T. caput-medusae × *T. exserta*（美杜莎 × 喷泉）。

T. circinnatoides × *T. caput-medusae*（象牙 × 美杜莎）。

T. schiedeana × *T. caput-medusae*（琥珀 × 美杜莎）。

T. 'Oregon' × *T. ehlersiana*（俄勒冈 × 河豚）。

T. exserta x T. *caput-medusae*（喷泉 X 美杜莎）。

T. caput-medusae × *T. karwinskyana*（美杜莎 × 银火焰）。

T. flabellata × *T. caput-medusae*（火焰 × 美杜莎），Paul Isley 培育。

T. schiedeana × *T. caput-medusae*（另一种琥珀 × 美杜莎），形态与 *T.* 'Spring Frost' 全然不同。

T. captu-medusae × *T. juncea*（美杜莎 X 大三色）。

未注册

T. caput-medusae × *T. concolor*（美杜莎 × 空可乐）。

T. 'Kaylan'
凯兰

T. caput-medusae × *T. baileyi*（美杜莎 × 贝艺利），Paul Isley 培育。

T. 'Biscayne'
比斯坎

T. caput-medusae × *T. paucifolia*（美杜莎 × 红女王）。

T. 'The Sentinel'
哨兵

T. paucifolia × *T. caput-medusae*（红女王 × 美杜莎）Paul Isley 培育。

T. 'Sunset Glow'
晚霞

T. caput-medusae × *T. brachycaulos*（美杜莎 × 贝可利），Paul Isley 培育。

T. 'Zacapa'
萨卡帕

T. brachycaulos × *T. caput-medusae*（贝可利 × 美杜莎）， Dennis Cathcart 注册。

T. 'Sonoran Snow'
雪女

美杜莎园艺种，M. Paterson 培育，金主译名。

T. 'Sister Theresa'
特丽莎修女

T. ehlersiana × *T. caput-madusae*（河豚 × 美杜莎），Mark A. Dimmitt 培育，Paul Isley 培育。

T. 'Queen's Charm'
女皇魅力

T. ehlersiana × *T. caput-madusae*（河豚 × 美杜莎），Pamela Koide Hyatt 培育。

T. 'The Great Whte'
大白鲨

T. 'Sonoran Snow' × *T. chiapensis*（雪女 × 香槟）。

未注册

T. chiapensis × *T. caput-madusae*（香槟 × 美杜莎）。

章鱼（*T.bulbosa*）品种群

章鱼品种群植株体型中等，有着典型的壶腹状基部，叶片内卷，表面光滑，质感较韧，花序与章鱼相似。

T. 'Turrialba'
图里亚尔瓦

T. bulbosa × *T. pruinosa*（章鱼 × 普鲁士犀牛角）。

T. 'Mini Me'
迷你我

T. mitlaensis × *T. bulbosa*（子弹 × 章鱼），Pamela Koide Hyatt 培育。

T. 'Celebration'
庆典

T. bulbosa × *T. brachycaulos*（章鱼 × 贝可利）。

T. 'Mali Dofitas'
大女儿

T. caput-medusae × *T. bulbosa*（美杜莎 × 章鱼），Paul Isley 培育，江雪峰译名。

T. 'kacey'
小女儿

T. bulbosa × *T. butzii*（章鱼 × 虎斑），Paul Isley 培育，江雪峰译名。

T. 'June Bug'
初夏虫鸣

T. caput-medusae × *T. bulbosa*（美杜莎 × 章鱼），W. Timm 培育，陆遥译名。

T. 'Double Delight'
双喜临门

T. bulbosa × *T. caput-medusae*（章鱼 × 美杜莎），Paul Isley 培育，陆遥译名。

T. 'Amazing Grace'
奇异恩典

T. roseoscapa × *T. bulbosa*（肉丝卡帕 × 章鱼），Mark A. Dimmitt 培育，Paul Isley 注册。

T. 'Albert the Great'
大艾尔伯

T. flagellata × *T. bulbosa*（舞娘 × 章鱼）。

T. bulbosa × *T. streptophylla*（章鱼×电卷），Mark A. Dimmitt培育，Paul Isley注册。

T. streptophylla × *T. bulbosa*（电卷×章鱼）。

T. novakii × *T.* 'Showtime'（卤肉×章鱼卷）。

T. 'Showtime' × *T. caput-medusae*（章鱼卷×美杜莎）。

T. 'Showtime' × *T. seleriana*（章鱼卷×犀牛角）。

T. 'She's A Cutie'
可人儿

T. 'Tina Parr' × *T. bulbosa*（犀牛角精灵 × 章鱼），陆遥译名。

T. 'Come To Me'
靠近我

T. bulbosa × *T. juncea*（章鱼X大三色），Paul Isley 培育。

未注册

T. bulbosa × *T. pueblensis* （章鱼 × 普布斯）。

T. 'Ty'

T. ehlersiana × *T. bulbosa*（河豚 × 章鱼），Paul Isley 培育。

T. 'Queen's Medusae'
女皇美杜莎

T. bulbosa × *T. paucifolia* （章鱼 × 红女王），Pamela Koide Hyatt 培育。

T. 'Brazen'
厚脸皮

T. bulbosa × *T. rodrigueziana*（章鱼 × *T. rodrigueziana* ）。

电卷（*T. streptophylla*）品种群

电卷品种群是许多花友的最爱，植株体型中等，有着典型的壶腹状基部，叶片柔软卷曲，造型别致。栽培时要注意通风，以防积水烂芯。

T. streptophylla
'Fat Boy'
肥仔卷

T. streptophylla
'Guatemala'
危地马拉卷

该株叶片有划痕般的花纹，这是由鳞片排列变异造成的，该现象还可在某些 *T. ionantha*（精灵）品种中见到。

T. 'Asombroso'
惊人

T. paucifolia × *T. streptophylla*（红女王 × 电卷），该品种有花梗芽。

T. 'Curly Slim'
花卷

T. intermedia × *T. streptophylla*（花中花 × 电卷），Mark A. Dimmitt 培育。该品种有花梗芽。

T. 'Sitting Pretty'
窈窕淑女

T. streptophylla × *T. paucifolioides*（电卷 × 粉女王），Bill Timm 注册，陆遥译名。

T. 'Hedi Guiz'

T. exerta × *T. streptophylla*（喷泉 × 电卷），Paul Isley 培育。

T. 'kraken'
花卷缀化

T. 'Curly Slim' *crested*，Elm Mema 注册。

T. 'Merlin'
梅林

T. streptophylla × *T. pseudobaileyi*（电卷 × 大天堂）。

T. 'Gorgon'
戈尔贡

T. streptophylla × *T. pseudobaileyi*（电卷 × 大天堂），Mark A. Dimmitt 培育。

未注册

T. streptophylla × *T. roland-gosselinii*（电卷 × 罗兰）。

T. 'My Sweet Rose'
甜肉丝

T. capitata 'Silver Rose' × *T. sreptophylla*（卡比银玫瑰 × 电卷），Paul Isley 培育。

未注册

T. capitata 'Orange' × *T. streptophylla*（卡比橙 × 电卷）。

T. 'El Guapo'

T. streptophylla × *T. caput-medusae*（电卷 X 美杜莎），Dennis Cathcart 注册。

未注册

T. streptophylla × *T. fasciculata*（电卷 × 费西），该品种存在争议，亦有认为是电卷 × 美杜莎。

T. 'Litl Liz'

T. caput-medusae × *T. streptophylla*（美杜莎 X 电卷），W. Timm 注册。

T. 'Bird Rock on Steroids'
鸟岩打鸡血

（*T. streptophylla* × *T. caput-medusae*）× *T. roseoscapa*【（电卷 × 美杜莎）× 肉丝卡帕】，Pamela Koide Hyatt 培育。该品种也被常被称为鸟岩类固醇。

T. 'Saint Eulogius'
圣欧乐日

T. albida × *T. streptophylla*（阿比达 × 电卷），Mark A. Dimmitt 培育，Paul Isley 注册。

T. 'Bauple'
波普

T. brachycaulos × *T. streptophylla*（贝可利 × 电卷），M. Paterson 培育。

品种名未注册
可利卷

T. streptophylla × *T. brachycaulos*（电卷 × 贝可利）。

T. 'Eric knobloch'
艾瑞克

T. brachycaulos × *T. streptophylla*（贝可利 × 电卷），Carrone 和 Joe 培育。

未注册

T. balbisiana × *T. streptophylla*（柳叶 × 电卷）。

T. 'Eric knobloch'
艾瑞克

该株为精选形态。

未注册

T. streptophylla × *T. novakii*（电卷×卤肉）。

未注册

T. streptophylla × *T. novakii*（另一种形态的电卷×卤肉）。

T. 'Lucille'
露西尔

T. ehlersiana × *T. streptophylla*（河豚×电卷），W. Timm 培育。

T. 'The Little Flower'
小花

T. 'Lucille' × *T. bulbosa*（露西尔×章鱼）。

T. 'Joy'
喜悦

T. streptophylla × *T. ehlersiana*（电卷×河豚），Paul Isley 培育。

T. 'Jane Doe'
无名女神

母本为电卷，父本不明。Kosit Kaewkangwal 注册，金主译名。

品种名未注册
可乐卷

T. concolor × *T. streptophylla*。

T. 'Naturally Gorgeous'
天生丽质

T. streptophylla × *T. abdita*（电卷 × 修女），陆遥译名。

T. 'Redy'
瑞迪

T. streptophylla × *T. concolor*（电卷 × 空可乐）。

T. 'Toolara'
可乐卷

T. streptophylla × *T. concolor*（空可乐 × 电卷），M. Paterson 培育。

犀牛角（*T. seleriana*）品种群

犀牛角品种群植株体型中等，有壶腹状的基部，叶片内卷，表面鳞片较多，质感肥厚，花序与犀牛角相似。

T. seleriana × *T. ehlersiana*（犀角 × 河豚）。

（*T. seleriana* × *T. ehlersiana*）× *T. seleriana*【（犀角 × 河豚）× 犀角】。

T. durangensis × *T. seleriana*，（*T. durangensis* × 犀牛角）。

T. seleriana × *T. baileyi*（犀牛角 × 贝艺利）。

未注册

T. seleriana × T. velutina（犀角 × 天鹅）。

T. 'Bishop John Fisher'

T. seleriana × T. caput-medusae（犀牛角 × 美杜莎），Mark A. Dimmit 培育，Paul Isley 注册。

T. 'Blushing Giant'
害羞巨人

T. streptophylla × T. seleriana（电卷 × 犀牛角），Mark A. Dimmitt 培育，Paul Isley 注册。

未注册

T. seleriana × T. streptophylla（犀牛角 × 电卷）。

T. 'Purple Passion'
紫色激情

T. seleriana × *T. tricolor*（犀牛角 × 三色花），W. Timm 培育。

T. seleriana
purple hybrid
犀牛角紫色杂交

T. 'Joy Boy'
快乐男孩

T. seleriana × *T. schiedeana*（犀牛角 × 琥珀）。

T. 'Especially Grand'
大块头

T. ehlersiana × *T. seleriana*（河豚 × 犀牛角），金主译名。

T. 'Precious Paige'
花犀

T. intermedia × *T. seleriana*（花中花 × 犀牛角）。

香槟（*T. chiapensis*）品种群

香槟品种群叶片质地肥厚，表面覆盖致密的鳞片，发色时常呈现淡紫色，花序为粉红色。

T. streptophylla × *T. chiapensis*（电卷 × 香槟）, Mark A. Dimmitt 培育，Paul Isley 注册。

T. chiapensis × *T. streptophylla*（香槟 × 电卷）。

T. chiapensis × *T. fasciculata* 'Magnificent'（香槟 ×‘壮丽’费西）。

T. fasciculata 'Magnificent' × *T. chiapensis*（‘壮丽’费西 × 香槟），Steve Correale 培育。

T. 'Arco Iris'

T. chiapensis × *T. tricolor*（香槟 × 三色花）。

T. 'Mixtec Treasure'
特克宝藏

T. chiapensis × *T. botteri*（香槟 × 博泰里）。

未注册

T. chiapensis × *T. achyrostachys*（香槟 × 红粉佳人）。

未注册

T. chiapensis × *T. velutina*（香槟 × 天鹅）。

T. 'Coconut Grove'
椰林魅影

T. chiapensis × *T. capitata* 'Red'（香槟 × 卡比红），Steve Correale 培育，Dennis Cathcart 注册命名，江雪峰译名。

T. 'Padre'
神父

T. roland-gosselinii × *T. chiapensis*（罗兰 × 香槟），Robert Spivey 培育。

花中花（*T. intermedia*）品种群

花中花品种群植株体型瘦高苗条，叶片质地柔韧，不少品种在开花后都会像花中花一样产生花梗芽。在前文中，许多经典杂交种均是花中花的杂交种。

T. 'Injun Joe'
印第安乔

T. mitlaensis × *T. intermedia*（子弹 × 花中花）。

未注册

T. dasyliriifolia 'Yucatan Form' × *T. intermedia*（玉瓶 × 花中花）。

T. 'Instant Gratification'

T. intermedia × *T. pseudobaileyi*（花中花 × 大天堂）。

T. 'Something Special'
奇特

T. concolor × *T. intermedia*（空可乐 × 花中花）。

精灵（*T. ionantha*）品种群

精灵品种群在空气凤梨杂交种和园艺种中种类最多。精灵植株体型差异巨大，体型从几厘米至近一米的种类都存在。精灵形态多变，容易让人混淆，因此笔者安排较多篇幅介绍。

T. 'Timm's Royal Treasure'
皇家宝藏

T. ionantha × *T. streptophylla*（精灵 × 电卷），Bill Timm 培育， Mark A. Dimmitt 注册。

T. streptophylla × *T.* 'Fuego'（电卷 × 福果精灵），Paul Isley 培育。

T. ionantha var. *stricta*（束花精灵）园艺种（同 *T. ionantha* var. *fastigiata*）。

T. ionantha var. *stricta*（束花精灵）园艺种。

R. Hudson培育。

Dennis Cathcart 注册。

Paul Isley 注册。

Dennis Cathcart 注册。

Paul Isley 注册。

Paul Isley 注册。

T. 'Cone Head'
球头精灵

T. ionantha 'Guatemalan Select'
危地马拉精灵

T. 'Tall Velvet'
高天鹅精灵

T. ionantha 'Honduras'
洪都拉斯精灵

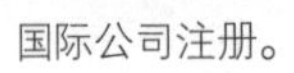

国际公司注册。

T. 'Totem Pole'
图腾精灵

T. 'Apretado'
AP 精灵

T. 'Predator'
猎食者精灵

T. 'Pentio'
菱形精灵

金主译名。

T. ionantha 'Red'
红精灵

T. ionantha 'Rubra'
全红精灵

T. ionantha 'Mexican'
墨西哥精灵

T. ionantha 'Selecta'
赛兰精灵

T. 'Califano'
卡利法诺

T. baileyi × *T. ionotha*（贝利艺 × 精灵），M.B. Foster 培育。

T. 'Victoria'
维多利亚

T. ionantha × *T. brachycaulos*（精灵 × 贝可利），M.B. Foster 培育。

T. ionantha × *T. schiedeana*（精灵 × 琥珀），Pamela Koide Hyatt 培育。

T. 'Buck Compton'

T. fasciculata × *T. ionantha*（费西 × 精灵），Mark A. Dimmitt 培育，Paul Isley 注册。

T. 'Veronica's Gift'
维罗妮卡的礼物

T. ionantha × *T. fasciculata* 'Hondurensis'（精灵 ×‘洪都拉斯’费西）。

T. 'El Camaron'

T. fasciculata 'Lithophytic Form' × *T. ionantha* var. *stricta*（岩生型费西 × 束花精灵）。

T. 'Chiquininga'
擎天

T. fasciculata × *T. ionantha*（费西 × 精灵），花友 fuwa 译名。

T. 'Nidus'
妮兔丝

T. fasciculata × *T. ionantha*（费西 × 精灵）。

T. 'Dixie Pixie'
大香肠精灵

T. ionantha × *T. bulbosa*（精灵 × 章鱼），金主译名。

T. 'Luke'
小香肠精灵

T. ionantha × *T. bulbosa*（精灵 × 章鱼），W. Timm 培育，金主译名。

T. 'Timm's Twister'

T. ionantha var. *van-hyningii* × *T. bulbosa*（万汉精灵 × 章鱼），W. Timm 培育。

T. 'Leo J Druid'

T. 'Druid' × *T. bulbosa*（德鲁伊精灵X 章鱼）。

T. ionantha × *T. diguettii*（精灵 × 小电卷）。

T. rotundata × *T. ionantha*（肉疼蛋挞 × 精灵）。

T. fuchsii × *T. ionantha*（海胆 × 精灵）。

T. ionantha × *T. delicata*（精灵 × 毛娃娃）。

T. ionantha × *T. caput-medusae*（精灵 × 美杜莎）。

T. ionantha × *T. chiapensis*（精灵 × 香槟），John Arden 培育。

T. 'Crown Prince'
皇储精灵

T. 'Huamelula' × *T.* 'Marron'（大精灵 × 卡比马龙）。

T. 'Fire Fountain'
火焰喷泉

T. 'Marron' × *T. ionantha*（卡比马龙 × 精灵），C. Skotak 培育，Eloise Beach 注册。

T. 'Wilda'
威尔达

T. capitata 'Red' × *T. ionantha* var. *stricta*（卡比红 × 束花精灵），W. Timm 培育。

T. 'Calendar Girl'
日历女郎

T. f. *capitata* × *T. ionantha*（卡比 × 精灵）。

T. 'Timm's Outburst'

T. capitata var. *domingensis* × *T.* 'Fuego'（多明戈 × 福果精灵），Bill Timm 培育。

未注册

T. 'Rio Hondo' × *T. ionantha*（里奥翁多 × 精灵）。

T. 'Wait N'C'
等着瞧

T. ionantha var. *van-hyningii* × *T.* 'Druid'（万汗精灵 × 德鲁伊精灵），W. Timm 培育。

T. 'Celtic Light'
凯尔特之光

T. 'Tiki Torch' × *T.* 'Druid'（提基火把 × 德鲁伊精灵），Bill Timm 培育。

未注册

T. 'Huamelula' × *T. xerographica*（大精灵 × 霸王）。

T. 'Celtic Spire'
凯尔特塔尖

T. 'Druid' × *T. ionantha* var. *van-hyningii*（德鲁伊精灵 × 万汗精灵），Bill Till 培育。

未注册

T. elizabethae × *T.* 'Fuego'（伊丽莎白 × 福果精灵）。

T. 'Bonjour'
笨猪精灵

T. ionantha × *T. mitlaensis*（精灵 × 子弹）。

T. 'Lil Tough Guy'
硬汉精灵

T. mitlaensis × *T. ionantha*（子弹 × 精灵）。

未注册

T. paucifolia × *T. ionantha*（红女王 × 精灵）。

T. 'Little Thunder'
小闪电

T. ionantha × *T. pueblensis*（精灵 × 普布斯）。

T. ionantha × *T. seleriana*（精灵 × 犀牛角），D. Cathcart 培育。

T. ionantha × *T. seleriana*（精灵 × 犀牛角），John Arden 培育， Pamela Koide Hyatt 注册。

T. seleriana × *T. ionantha*（犀牛角 × 精灵），Paul Isley 培育。

T. ionantha × *T. seleriana*（精灵 × 犀牛角）。

T. 'Blushing Baby'
害羞宝贝

T. ionantha × *T.* 'Redy'（精灵 × 瑞迪）。

T. 'Diferente'
异形精灵

金主译名。

T. 'Jumping For Joy'
欢腾精灵

T. exserta × *T. ionantha*（喷泉 × 精灵），Paul Isley 培育，陆遥译名。

T. 'Shrimp Cocktail'
鸡尾冷虾

T. pruinosa × *T. ionantha*（普鲁士犀牛角 × 精灵），Paul Isley 培育。

T. ionantha Crested
精灵缀化

T. 'Monstrose'
蒙特罗斯精灵

Paul Isley 培育。

T. 'Corinne'
牙精

T. circinnatoides × *T. ionantha*（象牙玉坠 × 精灵），W. Timm 注册。

T. 'Queen's Pink Rose'
女王粉玫瑰

T. roseoscapa × *T. ionantha*（肉丝卡帕 × 精灵），Pamela Koide Hyatt 培育。

T. 'Nick Mavrikas'

T. 'Pink Panther' × *T.* 'Hand Grenade'（粉红豹 × 手榴弹精灵），Bill Till 培育。

T. 'Queen's Trinket'
女王首饰

T. flabellata × *T. ionantha*（舞娘 × 精灵），Pamela Koide Hyatt 培育。

T. 'Paul T'

T. ionantha × *T. funckiana*（精灵 × 小狐狸尾），Mark A. Dimmitt 培育，Paul Isley 注册。

T. 'Fire Two'
火二精灵

T. abdita × *T. ionantha* var. *stricta*（修女 × 束花精灵）。

T. 'Fire One'
火一精灵

T. abdita × *T.* 'Fuego'（修女 × 福果精灵）。

T. 'Rustic Rose'
朴实玫瑰

T. ionantha var. *stricta* × *T. abdita*（束花精灵 × 修女）。

T. 'Mardi Gras'
狂欢节精灵

T. 'Grace'
格雷精灵

T. 'Mudlo'
花精

T. intermedia × *T. ionantha*（花中花 × 精灵），M. Paterson 培育。

T. 'Modern Marvel'
现代奇迹

T. ionantha × *T. intermedia*（精灵 × 花中花），Paul Isley 培育。

T. 'Monkey Tail'
猴尾精灵

T. 'Hidden Charm'
隐秘魅力

T. ionantha × *T. carlsoniae*（精灵 × *T. carlsoniae*），John Arden 培育。

（二）其他精选品种

除了上文介绍的各大品种群，还有许多其他杂交品种和园艺品种，笔者在此选择一些经典或罕见的品种和各位花友分享。

T. cyanea var. *albomarginata*
白锦球拍（外锦）

T. cyanea Variegated
球拍锦（内锦）

T. leiboldiana Variegated
雷伯迪安娜锦

T. novakii Variegated
卤肉锦

T. rothii × *T. concolor*（柔婷 × 空可乐），Paul Isley 培育。

T. bradeana × *T. roland-gosselini*（修女 × 罗兰）。

T. concolor × *T. roland-gosselinii*（空可乐 × 罗兰），Bill Timm 培育。

T. flexuosa × *T.* 'Redy'（旋风 × 瑞迪）。

疑为 *T. pucarensis* × *T. floridunda* 的自然杂交种。

T. stricta × *T. edithae*（多国 × 赤兔），M. Paterson 培育。

T. 'Fuzz Wuzzy'
毛绒伍兹

T. schiedeana × *T. ehlersiana*（琥珀 × 河豚）。

T. 'Peltry Jellyfish'
水母皮

T. ehlersiana × *T. schiedeana*（河豚 × 琥珀），W. Till 注册。

T. 'Cutie Pie'
情人

T. ehlersiana × *T. pueblensis*（河豚 × 普布斯）。

T. 'Live Wire'
生龙活虎

T. funckiana × *T. kegeliana*（狐狸尾 × 大红花），Bob Spivey 培育。

T. 'Double Ruth'

T. magnusiana × *T. compressa*（大白毛 × 肯普萨），Paul Isley 培育。

未注册

T. exserta × *T. velutina*（喷泉 × 天鹅）。

T. jalisco-monticola × *T. rotundata*（红杉 × 肉疼蛋挞），Pamela Koide Hyatt 培育。

T. harrisii × *T. compressa*（哈里斯 × 肯普萨），Pamela Koide Hyatt 培育。

T. schatzlii × *T. schusteri*（粗皮 × *T. schusteri*），Pamela Koide Hyatt 注册，陆遥译名。

T. pueblensis × *T. baileyi*（普布斯 × 贝艺利）。

T. 'Houston' × *T. leonamiana*（休斯顿 × 蕾娜米娜），Mark A. Dimmitt 培育，Paul Isley 注册，江雪峰译名。

T. utriculata × *T. flexuosa* Giant Form（银兀鹫 × 巨旋风）。

T. 'El Dimmitt Doble'

（*T. concolor* × *T. fasciculata*）×（*T. xerographica* × *T. roland-gosselini*）【（空可乐 × 费西）×（霸王 × 罗兰）】，Mark A. Dimmitt 培育，Paul Isley 注册。

T. 'Bob Gilliland'

T. xiphioides × *T. arequitae*（媳妇 × 初恋），Paul Isley 培育。

未注册

T. arequitae × *T. gardneri*（初恋 × 薄纱）。

T. 'Blue Ice'
蓝冰

T. arequitae × *T. stricta*（初恋 × 多国）。

T. 'Pastel Perfection'
淡彩

T. arequitae × *T. stricta*（初恋 × 多国），Mark A. Dimmitt、Paul Isley 培育注册，陆遥译名。

T. balbisiana × *T. exserta*（柳叶 × 喷泉）。

T. streptocarpa 'Fat Boy'
肥仔电卷棒

T. 'Samantha'
萨曼莎

T. mooreana × *T. kalmbacheri*，Pamela Koide Hyatt 培育。该品种在 2013 年荷兰“玻璃郁金香奖”中获选 2012 年度最佳家居植物。

未注册

T. punctulata × *T. standleyi*（细红果 × *T. standleyi*）。

T. 'Red Torch'
红火炬

疑为自然杂交种 *T. velutina* × *T. compressa*（天鹅 × 肯普萨），Frank Messina 注册。

未注册

T. zacapanensis × *T. xfloridana*【白大傻 ×（*T. densispica* 变种 × *T. bartramii*）】。

我觉得喜欢空气凤梨的花友，应该都是有点与众不同的。空气凤梨拥有与别的植物迥然不同的气质，它们是不需要根也能生长的植物，这让它有一种漂泊的美。在原产地，它们的种子像蒲公英一样随风飘散，落在树枝上、石头上、电线上、屋顶上，然后就发芽、生长、开花、出侧芽，变成一簇一簇。喜欢爬树的树猴（*T. duratii*），聚在一起向树顶攀爬；喜欢垂吊的赤兔（*T. edithiae*），聚在悬崖上长成瀑布；喜欢雾气的鸡毛掸子（*T. tectorum*），聚在溪水边吐纳潮气；喜欢日晒的仙人掌（*T. cacticola*）干脆就长在沙漠中的仙人掌上把自己变成向日葵。所以空气凤梨虽然漂泊但不孤独。

我大概是 2009 年开始种植空气凤梨。先是喜欢上发色的品种，空气凤梨有婚姻色，有温差色，但要避免晒伤色；然后又开始收集长茎品种，因为其好成活，就算烂了一截也还能挽救，对新手是个不错的选择；后来发现有些品种不仅植株外形特别，开花还很香，于是香花品种也成为座上宾；一群空气凤梨不够气势，还得来些大家伙，于是霸王、巨猴也被请到家里，成为一群空气凤梨的统帅。开微博、刷论坛、逛花市，空气凤梨成为一个让我乐此不疲的业余爱好，甚至让每次旅行都多了一重意义。在新加坡的海滨花园里看着巨大的花柱上生长的空气凤梨，甚至比娇美的兰花更吸引我的眼球；在华盛顿的国家植物园里，和痴迷苦苣苔的美国花友一起欣赏植物，他给我介绍来自亚洲的苦苣苔，我给他介绍来自美洲的空气凤梨，有种时空颠倒的感觉。

由于长期担任全国最大精品空气凤梨进口商曹静的首席翻译，我对空气凤梨的知识也开始进阶，不再满足于只欣赏简单外形的美，而开始渴求更多的知识。比如空气凤梨收藏家们怎么深入南美腹地，寻找一颗空气凤梨的故事；比如对一颗有疑义品种的空气凤梨，你来我往的争辩；比如在原产地，空气凤梨怎么和人们的生活结合在一起，在墨西哥，空气凤梨可以用来做新娘的捧花，在热带的厄瓜多尔，银白色的空气凤梨有时被用来装点圣诞树。

欣赏空气凤梨，进而了解它们的文化；种植空气凤梨，进而培育属于自己的新品种。空气凤梨的播种不比土培的花卉，条件极为严苛，太干肯定不能发芽，太湿一不留神就“死给你看”。空气凤梨小苗的养护更是步步惊心，揣着几年的担心，把空气凤梨从种子养成成株，我做不到，只能成为纯粹的欣赏者。好在国内已经有不少玩家尝试自己繁育新杂交品种，本书作者之一的吴志坚就是个中翘楚，相信几年后他们就能在 BSI 这样的国际性空气凤梨注册表上增加来自中国的品种。

本书的四位作者，一个卖空气凤梨，一个种空气凤梨，一个赏空气凤梨，当然还有贡献最大的陆遥。我觉得他应该算是一个超级鉴定家，总能在一起逛花市的时候提醒我空气凤梨的品种。所以，当他提议编书的时候，我感觉既有挑战性，又觉得还是挺靠谱的。这本书集合数位花友多年的种植经验，可能不全面，但一定是诚意之作！

“种凤”8 年，得到一份爱好，收获一个花园，交到一群朋友。读到本书的朋友，我在“坑”里等着你们！

江雪峰

2016 年

图书在版编目（CIP）数据

玩转空气凤梨 / 陆遥等编著. -- 南京 : 江苏凤凰科学技术出版社，2017.3
ISBN 978-7-5537-7849-5

Ⅰ. ①玩… Ⅱ. ①陆… Ⅲ. ①凤梨科一观赏园艺 Ⅳ. ①S682.39

中国版本图书馆CIP数据核字(2017)第008838号

玩转空气凤梨

编　　著	陆　遥　吴志坚　曹　静　江雪峰
项目策划	凤凰空间 / 罗瑞萍　钟　英
责任编辑	刘屹立
特约编辑	林智君
出版发行	凤凰出版传媒股份有限公司 江苏凤凰科学技术出版社
出版社地址	南京市湖南路1号A楼，邮编：210009
出版社网址	http://www.pspress.cn
总 经 销	天津凤凰空间文化传媒有限公司
总经销网址	http://www.ifengspace.cn
经　　销	全国新华书店
印　　刷	北京彩和坊印刷有限公司
开　　本	710 mm×1000 mm　1 / 16
印　　张	10.5
字　　数	84 000
版　　次	2017年3月第1版
印　　次	2023年3月第2次印刷
标准书号	ISBN 978-7-5537-7849-5
定　　价	42.80元

图书如有印装质量问题，可随时向销售部调换（电话：022-87893668）。